DISSERTATION
ÉLÉMENTAIRE

SUR LA NATURE

DE LA LUMIÈRE,

DE LA CHALEUR,

DU FEU ET DE L'ÉLECTRICITÉ;

Dans laquelle on résout, d'une manière décisive, la question proposée par l'académie de Dijon en 1785:

Déterminer, par leurs propriétés respectives, la différence essentielle du phlogistique et de la matière de la chaleur.

Vèrum semina sunt ardoris multa, terendo
Quæ cùm confluxère, creant incendia silvis.
LUCRÈCE, l. 1.

PAR M. CARRA, de la Bibliothéque du Roi.

A LONDRES,

Et se trouve A PARIS,

Chez EUGÈNE ONFROY, Libraire, quai des Augustins.

M. DCC. LXXXVII.

DISSERTATION

ÉLÉMENTAIRE

Sur la nature de la Lumière, de la Chaleur, du Feu, et de l'Electricité;

Dans laquelle on résout d'une manière décisive la question proposée par l'Académie de Dijon, en 1785 :

Déterminer, par leurs propriétés respectives, la différence essentielle du phlogistique, et de la matière de la chaleur.

C ETTE question annoncée pour 1786, et renvoyée par l'académie à un examen plus approfondi, mérite en effet la plus grande attention, et de la part des physiciens, et de la part des chimistes. Les opinions diverses sur une question aussi délicate, doivent en rendre nécessairement la solution très-difficile, et ce n'est que par une précision absolue de principes et de preuves, puisés dans les expériences et les observations, que l'on peut se flatter d'arriver à ce but.

A ij

L'académie a desiré qu'on fît mention des opinions de *Black*, de *Crawford*, de *Lavoisier*, de *Bergmann*, de *Scheele*, etc. etc. par la raison sans doute que ces savans chimistes peuvent seuls donner la clef d'une théorie positive sur la nature du phlogistique et sur celle de la matière de la chaleur. Cette indication, en effet, ne doit produire que des résultats favorables à la solution du problème; et celui des concurrens qui obtiendra le prix, ne peut le devoir certainement en grande partie qu'aux sources indiquées par l'académie même.

Mais qu'il soit permis à l'auteur de cette dissertation, avant d'analyser les opinions des savans chimistes indiqués par l'académie, de citer celle d'un de ses membres, dans laquelle on trouve une vérité fondamentale, qui servira de point d'appui et de résultat à la théorie suivante.

» Le feu qui brûle, (*dit M. de Morveau*, *art.* Phlogistique de l'Encyclopédie) n'est autre chose qu'une matière mise en mouvement; mais toute matière n'est pas propre à recevoir, à entretenir, à communiquer ce mouvement d'ignition, cause prochaine de la chaleur. On a été forcé de reconnoître qu'il y avoit dans la nature une substance essentiellement douée de cette propriété, et des corps plus ou moins pourvus de principe inflammable. C'est ce principe , considéré dans la composition des corps, abstraction faite du mouvement, que Sthaal a nommé *phlogistique* «.

» Suivant quelques-uns (ajoute M. de Morveau), le phlogistique est un principe secondaire, composé de l'élément du feu et d'une terre vitrifiable. D'autres au contraire le regardent comme la pure MATIÈRE DU FEU , non qu'ils prétendent qu'il ne puisse jamais être considéré comme déja combiné avec d'autres substances , lorsqu'il entre dans la formation d'un composé : mais comme en examinant sa nature et ses caractères dans tous les mixtes où il existe abondamment , dans toutes les opérations où il joue le rôle principal , ils l'ont toujours retrouvé semblable à lui-même , ils pensent que c'est un être simple dont les propriétés sont indépendantes des différentes matières où il est engagé ; et ce système nous paroît fondé sur la raison et sur l'observation. «

Ce que l'on se propose de démontrer d'une manière décisive et absolue dans cette dissertation , c'est qu'en effet le phlogistique ou principe inflammable engagé et concentré dans les corps mixtes, est la PURE MATIÈRE DU FEU ; que cette matière est un élément corporel particulier ; que sans le développement subit de cet élément hors des mixtes, il ne peut y avoir de feu d'incendie ou de cuisine ; mais que sans cette condition , la chaleur peut avoir lieu , comme la lumière atmosphérique , considérée en général et dans son essence propre de lumière du jour , a lieu sans chaleur.

On a donc trois objets distincts à considérer ici : 1°. la nature de la lumière et la cause qui la produit ; 2°. la matière de la chaleur et la cause qui met cette matière en mouvement ; et 3°. le phlogistique ou principe inflammable dans sa nature intrinsèque , et dans les causes qui le mettent en évidence et en action de feu brûlant et lumineux. Mais pour exposer des principes conséquens sur ces trois objets , consultons quelques physiciens , et sur-tout les savans chimistes indiqués par l'académie.

Le docteur Black a démontré dans les métaux un feu fixe , qui rend ces métaux fusibles , vitrescibles , calcinables , etc. Ce même feu existe dans tous les corps combustibles et inflammables ; il tient à ces corps avec opiniâtreté ; il fait même partie constituante de leurs parties. Il est évident par conséquent que le feu fixe est une substance réelle , corporelle , élémentaire , enfin une substance distincte des autres. Tout cela est d'une vérité rigoureuse , sauf l'impropriété du mot *feu* employé par Black. Ce mot *feu* nous jette dans un labyrinthe d'équivoques et dans la confusion des idées ; car , en nous figurant le feu de cuisine, nous ne pouvons concilier l'idée de ce feu lumineux et brûlant , (*feu réel*, *feu actuel*,) avec le feu fixe, (*feu obscur* et *non actuel*) renfermé dans les métaux. Nous sommes donc forcés de réduire le mot *feu fixe*, démontré par Black dans les métaux , au mot *phlogistique* ou *principe inflammable fixe* ; et alors tout devient clair , tant pour les preuves données par les expériences de Black , que pour les distinctions subséquentes.

Le docteur Crawford , sans prendre un parti décidé sur la question » si la chaleur absolue ou le feu est une substance élémentaire ou non « , s'est contenté de reconnoître cet état de l'air, que l'on appelle *gaz inflammable* , comme très-identique avec le phlogistique , ce qui est parfaitement d'accord avec l'expérience et l'observation. Mais lorsqu'il dit que le phlogistique et le feu se repoussent mutuellement , il n'est plus possible de le comprendre. Il faut recourir alors à M. Schéele , pour trouver que ce que le Docteur Crawford entend ici par *feu* , ne peut être autre chose que *l'air du feu* , dont les oscillations mettent le phlogistique en mouvement ; action d'où résultent des réactions et des répulsions réciproques entre les élémens du phlogistique et ceux de l'air du feu. Cet air du

feu de M. Schéele , est l'air pur , l'air déphlogistiqué de l'atmosphère , que tant de physiciens
ne cessent de confondre , soit avec la substance
de l'éther , substance vibrante dans les plaines
azurées et autour de notre globe ; soit avec le
phlogistique ou principe inflammable engagé
dans les corps , soit avec les différens airs ga-
zeux qui circulent dans cette atmosphère.

» L'air , dit M. Schéele , est ce fluide invisible que nous respirons continuellement , qui
environne la terre de toutes parts , qui est très-
élastique , et qui est doué de pesanteur. Il est
constamment rempli d'une quantité prodigieuse
d'émanations si subtiles , que les rayons du soleil les rendent à peine visibles ; les vapeurs
aqueuses en forment toujours la plus grande
partie «.

C'est de la combinaison de cet air invisible,
l'air pur , avec le phlogistique , que résultent,
selon M. Schéele , la chaleur , le feu et la lumière. » Une suite d'expériences , dit-il , (p. 47
de son *Traité sur le feu*) , me prouve que l'air
entre réellement dans la composition du feu ;
qu'il forme une des parties constituantes de la
flamme et de l'étincelle. « Il dit , pag. 83 , que
l'air pur est indispensablement nécessaire à la
naissance du feu , et il le nomme , par cette raison , *air du feu.* M. Bergmann est du même avis.

On établira dans la suite de cette dissertation, les distinctions qu'il faut faire entre le feu qui brûle et la chaleur obscure des corps, ainsi qu'entre la lumière simple et la lumière composée de feu et de chaleur. On verra que la substance du phlogistique, différant de celle de l'air pur, qui est une combinaison d'élémens opposée à la nature du phlogistique, la matière de la chaleur en elle-même et ses accidens propres, doivent différer de la matière du principe inflammable concentré dans les corps, et des accidens propres du feu de cuisine. De même la substance de l'air atmosphérique pur, différant de la simple substance de l'éther, l'accident de la lumière en elle-même doit différer aussi de celui de la chaleur. Mais ces trois substances, (dont deux, celle de l'éther et celle du principe inflammable des corps, sont analogues sans être entièrement identiques par leur position, comme on l'expliquera à la fin de cette dissertation), et ces trois accidens se trouveront réunis dans le phénomène du feu d'incendie ou de cuisine par la présence et le développement subit du phlogistique concret des corps, sans lequel il n'y a point de feu évident et actuel proprement dit. Passons à M. Bergmann.

Ce savant professeur, en parlant de l'air dans

son avant-propos, s'explique ainsi : » La chimie
nous apprend que le fluide élastique qui environne notre globe , est , en tout temps et en
tout lieu , un mélange de trois matières; savoir,
de bon air , d'air corrompu et d'acide aérien.
Le premier est l'air du feu. On donne assez
communément le nom d'air fixe à la dernière
espèce. Je crois avoir démontré par des expériences que c'est un acide particulier. «

» Le phlogistique , ajoute M. Bergmann ,
paroît être une matière réellement élémentaire,
qui pénètre la plupart des substances, et qui
s'y maintient avec opiniâtreté. «

Ainsi d'après l'expérience, l'observation et les
opinions des chimistes que nous avons cités ,
on a déja , pour expliquer le phénomène du feu
de cuisine , 1°. la démonstration précise de
l'existence d'un principe inflammable renfermé
dans la plupart des substances terrestres , solides , liquides ou aériformes; et 2°. celle de
l'existence d'un air pur, *air fluide , air élastique* qui forme la base générale de notre atmosphère , et dont la nature est indépendante
en soi des vapeurs, des exhalaisons et des émanations les plus subtiles qui circulent dans son
milieu. Mais avant d'aller plus loin , consultons
aussi M. de Fourcroi , dans son ouvrage inti-
tulé : *Leçons élémentaires d'histoire naturelle*

et de chimie , à la sixième époque de la chimie , art. CHIMIE PNEUMATIQUE.

» Staahl , dit M. de Fourcroi, occupé tout entier à démontrer et à sui-
vre le phlogistique dans
toutes ses combinaisons ,
semble avoir oublié l'in-
fluence de l'air dans la plupart des phénomènes, où
il a fait jouer un rôle au
seul principe inflamma-
ble. *Boyle* et *Hales* avoient
cependant déja prouvé la
nécessité de compter ce
fluide pour beaucoup dans
les expériences chimi-
ques. Le premier avoit
apperçu la différence que
présentent les phéno-
mènes chimiques obser-
vés dans le vide et dans
l'air ; le second avoit re-
tiré d'un grand nombre
de corps un fluide qu'il
regardoit comme de l'air,
et dans lequel il avoit
cependant remarqué des
propriétés particulières ,
telles que l'odeur, l'in-
flammabilité , etc. sui-
vant les substances d'où

ANALYSES CRITIQUES.

Il est inconcevable que *Staahl*
n'ait pas reconnu à chaque pas qu'il
faisoit en chimie , l'influence de
l'air dans les phénomènes du feu
brûlant et lumineux. Il auroit vu
que cet air entre dans tous ces
phénomènes, non-seulement comme
véhicule et conducteur des vibrations
incandescentes et flamboyantes du
phlogistique des corps , mais comme
matière propre de la chaleur , simultanément et séparément. Les
propriétés particulières , telles que
l'odeur, l'inflammabilité , etc. que
Hales avoit remarquées dans le
fluide extrait d'un grand nombre
de corps , en même *temps* qu'elles
annonçoient la présence du principe
inflammable dans ces substances , dé-
montroient encore , 1°. que l'air général de l'atmosphère se chargeoit
toujours de ce principe au sortir des
corps brûlés ou dissous ; et 2°. que
toujours ce même air enveloppoit
le phlogistique disséminé dans son
milieu , et le retenoit pour le déposer dans de nouvelles combinaisons,
et lui donner, sur le champ ou après,
différentes modifications aériformes
appelées *gaz* , par la doctrine desquels on semble vouloir expliquer
aujourd'hui tous les phénomènes de
la chimie , sans y admettre le phlogistique , qui est cependant le composant de la nature spécifique et de
tous les genres des substances mixtes,

il provenoit. Il regardoit l'air comme le ciment des corps et comme le principe de leur solidité. «

» M. Priestley répéta une grande partie des expériences de *Hales*, et découvrit beaucoup de fluides qui, avec les apparences de l'air, en diffèrent essentiellement. Il en retira, sur-tout des chaux métalliques, une espèce beaucoup plus pure que celui de l'atmosphère. «

» M. Bayen, chimiste si justement célébre par l'exactitude de ses travaux, examina les chaux de mercure, et découvrit qu'elles se réduisoient sans phlogistique, et qu'elles donnoient pendant leur réduction un fluide aériforme très-abondant. «

ainsi qu'on le prouvera clairement dans cette dissertation. *Hales* regardoit l'air comme le ciment des corps et comme le principe de leur solidité ; et sur ce point il se trompoit d'une étrange manière. L'expérience et l'observation nous démontrent à chaque pas que l'air est le plus grand dissolvant de la nature (si on en excepte peut-être l'éther des plaines azurées), et par sa fluidité continuelle, et par son expansibilité naturelle. Ce que *Hales* prend pour le ciment des corps et le principe de leur solidité, ne peut point être par conséquent l'air général de l'atmosphère, toujours en mouvement sur lui-même, ni la partie de cet air qui pénètre les pores des corps. Il entendoit vraisemblablement sous la dénomination d'air, des élémens corporels de la nature de ceux de cet air ; élémens qui se développent au sortir des corps brûlans ou en dissolution, soit en vapeurs grossières, soit en substances vraiment aériformes, plus ou moins mêlées de phlogistique, soit même en airs purs comme ceux extraits des chaux métalliques dépouillées de leur phlogistique. L'analogie de ces élémens avec ceux de l'air actuel de l'atmosphère, a occasionné jusqu'à présent de très-grandes méprises ; et il est impossible de ne pas prévoir qu'on sera forcé de la reconnoître un jour, et de distinguer ces élémens analogues, de ceux du phlogistique des corps, qui différent par leur position et par la nature déterminée de phlogistique concret.

» M. Lavoisier prouva, par un grand nombre de belles expériences, qu'une partie de l'air se combine avec les corps que l'on calcine ou que l'on brûle. Dès-lors, il s'éleva une classe de chimistes qui commencèrent à douter de la présence du phlogistique, et qui attribuèrent à la fixation de l'air ou à son dégagement, tous les phénomènes que Staahl croyoit dus à la séparation ou à la combinaison du phlogistique. Il faut convenir que cette doctrine a, sur celle de Staahl, l'avantage d'une démonstration plus rigoureuse, et qu'elle est d'autant plus séduisante dans ce moment, qu'il semble que l'on ne veut plus donner sa confiance qu'aux faits palpables et avérés. Elle avoit aussi paru telle à feu M. Bucquet, qui, dans ses deux ou trois derniers

Les belles expériences de M. Lavoisier ont conduit à un autre excès. On a douté de la présence du phlogistique, parce qu'on a commencé à appercevoir plus clairement la présence de l'air dans les phénomènes du feu, et son absorbtion dans le résidu des corps calcinés ou brûlés. C'étoit plutôt le cas sans doute de prendre alors un juste milieu; et on ne peut s'empêcher de blâmer M. Macquer d'avoir abandonné si légèrement la cause des vrais chimistes et celle de la raison, en substituant au phlogistique concret, la lumière » dont l'action et l'influence, dit il, sur les phénomènes de chimie, ne sauroient être révoquées en doute. «

On démontrera dans cet ouvrage, 1°. que l'existence du principe inflammable concret, ou phlogistique des corps, est aussi réelle que celle de l'air; et que cette existence se démontre, non-seulement par celle de l'air pur même, contradictoirement à leurs natures respectives, mais encore par la différence essentielle de leurs propriétés. 2°. Que la lumière, telle qu'elle doit être considérée sous ses véritables rapports, n'a que des rapports indirects avec les phénomènes de chimie, et que la seule analogie qui se trouve entre la substance éthérée de la lu-

cours, sembloit lui donner la préférence. Le parti sans doute le plus sage, et le seul que l'on doive prendre dans cette circonstance, est d'attendre qu'un plus grand nombre de faits ait entièrement démontré que tous les phénomènes de la chimie peuvent s'expliquer par la doctrine des gaz, sans y admettre le phlogistique, d'autant plus que M. Macquer, très-convaincu de la grande révolution que les nouvelles découvertes doivent occasionner dans la chimie, n'a pas cru cependant qu'on pût tout expliquer sans la présence de ce principe, et qu'il a substitué à la place du phlogistique, dont l'existence n'a jamais été rigoureusement démontrée, la lumière, dont l'action et l'influence sur les phénomènes de chimie, ne sauroient être révoquées en doute. «

mière et la substance ignée du phlogistique, ne suffit pas même pour faire adopter cette substance éthérée, comme matière concurrente au phénomène du feu d'incendie, mais seulement comme puissance vibratoire ; et 3°. que la doctrine des gaz, quoique très-séduisante par sa nouveauté et par les découvertes qu'elle a occasionnées, ne peut se dispenser en aucune manière, non-seulement d'adopter *le phlogistique concret*, celui qui couve dans les substances mixtes, comme substance directe, absolue, enfin comme pure MATIÈRE DU FEU, mais encore de le reconnoître comme composant la trame de presque tous les tissus aériformes, ou airs factices eux-mêmes.

La démonstration de l'existence d'un principe inflammable dans la plupart des substances terrestres, solides, liquides ou aériformes, nous apprendra en outre que ce principe passe d'un corps dans un autre comme élément de composition, et que c'est l'air pur qui s'en charge au sortir des corps composés, et s'en décharge pour le déposer à temps dans de nouvelles combinaisons, et pour former cette quantité si variée de gaz, par la doctrine desquels on semble pouvoir expliquer tous les phénomènes de la chimie, sans y admettre le phlogistique. Ce phlogistique ou principe inflammable répandu dans l'air vital, comme partie constituante de cet air que nous respirons, est, à la vérité, une des bases du fluide général de notre atmosphère ; mais il n'entre dans ce millieu qu'accidentellement, soit lorsqu'il est dégagé des corps et volatilisé par le phénomène du feu d'incendie, soit lorsqu'il s'échappe des substances végétales ou animales par leur fermentation ou leur dissolution, soit lorsqu'il passe dans l'air libre par la vaporisation lente des fluides séléniteux ou acidulés, soit enfin lorsqu'il est exalté par la dilatation de l'air dans la région des nuages ou sur la surface de la terre et des eaux en gaz plus ou moins inflammables, plus ou moins élastiques. Ce principe inflammable, ainsi disséminé et re-

nouvelé accidentellement dans l'atmosphère ,
s'unit et se combine de nouveau et en partie ,
avec les vapeurs grossières et humides , avec
les substances aqueuses et grasses. Son excès
dans les combinaisons de ce genre, occasionne ,
à l'aide de l'air pur , des fermentations, des effervescences , des putréfactions ; tandis que , par
son défaut ou son absence , l'air pur , ainsi que
l'eau , n'opèrent que de simples dissolutions.
C'est ce principe inflammable qui devient le
composant de la plupart des substances , et spé-
cialement de toutes les substances végétales et
animales. Il fait l'office de composant , tandis
que l'air pur et l'eau font celui de dissolvant et
de décomposant ; d'où résultent , par ces deux
actions contraires et simultanées, l'élaboration
continuelle des pores des corps , et des modes
organiques. C'est ce même phlogistique qui , en
se tamisant et se disséminant sous différens
rapports de densité et d'arrangement dans les
substances solides ou liquides , dans les vapeurs
et les nuages , produit ces différentes nuances
de lumière , ces couleurs variées des métaux ,
des pierres , des cristaux , des végétaux , des
animaux ; celles des fluides aquiformes ; celles
de l'arc-en-ciel (1) ; ces aurores boréales , et ces

---

(1) Phénomène occasionné sans doute par une exaltation ex-
traordinaire, et une dissémination égale de ce phlogistique dans

sillons

sillons de feu lancés du sein de la nue au moment d'un orage foudroyant. C'est ce même
phlogistique que l'air dégage de la pointe des
paratonnerres, et qu'il accumule par dépôt autour de cette pointe, pour explorer dans une
ligne de vibration, dont l'air est le conducteur
même, son analogue répandu et concentré dans
les nuages. C'est ce même phlogistique qui,
se dégageant des plateaux électriques, s'accumule autour d'eux pendant leur rotation, et repousse l'air au moment où cet air est porté sur
lui par un conducteur analogue, pour explorer
son gaz en activité. L'étincelle électrique n'est
autre chose, très-vraisemblablement, non plus
que ce phlogistique enveloppé subitement d'une
portion d'air, et qui force de même subitement
cette enveloppe à se dissoudre, comme le phlogistique contenu dans les grains de poudre à
canon, force une bombe à crever. C'est vraisemblablement aussi ce même principe qui,
dégagé dans la surface des aimans, opère par
analogie le phénomène du magnétisme, dont
l'air est aussi le véhicule et le conducteur.

C'est encore ce même principe inflammable

---

l'air, ainsi que par un reflet de vibrations éthérées, parties de
la zone atmosphérique soumise à l'incidence des rayons solaires,
et transmises à nos yeux par l'air pur de l'atmosphère.

qui est incontestablement celui des odeurs et
dès saveurs. Enfin, il est très-propable que c'est
ce même principe combiné et disséminé également dans la substance du verre, qui donne
à ce verre les nuances de couleurs présentées
illusoirement comme la décomposition de la
lumière du jour, par le triple chatoiement du
prisme ; chatoiement dont l'air transmet la sensation dans l'organe de la vue, comme il en
répète le jeu dans son propre milieu et sur la
surface d'un objectif quelconque (1).

La démonstration de l'existence d'un air pur
ou fluide principal de l'atmosphère terrestre,
nous apprendra en outre que cet air, par sa
mobilité, son élasticité, sa pesanteur, et la
propriété qu'il a de se condenser et de se dilater,
joue nécessairement un rôle dans le phénomène
du feu d'incendie, dans celui de la chaleur
obscure et dans celui de la lumière atmosphérique ou lumière du jour. On le trouve aussi

____

(1) On peut comparer ce triple chatoiement du prisme à un
instrument à trois cordes, montées chacune sur trois tons
différens, et dont les vibrations isochrones donnent trois différens sons en même temps. Si on ne peut pas dire que l'air,
qui est le conducteur de ces trois vibrations différentes, se
trouve anatomisé par l'instrument sonore, peut-on dire par
conséquent que la lumière est anatomisée par le prisme ? C'est
une question au reste qui ne tient point au fond de celle
qu'on traite ici ; on se contentera de ce simple apperçu donné.

dans le phénomène de la glace et du froid, dans celui des vents et des marées, enfin dans tous les phénomènes terrestres, soit comme matière pénétrante ou pénétrée, soit comme puissance élastique ou comprimante, soit comme puissance expansive ou pondérante.

Mais quel est cet air qui concourt à tant de phénomènes, qui agit nécessairement dans celui de la chaleur, dans celui du feu de cuisine, et dont le courant porté principalement sur la partie supérieure de la flamme, donne à cette flamme (ainsi qu'on l'éprouve en fondant au chalumeau) un degré d'énergie et de rapidité beaucoup plus considérable? Quel est cet air qui, dans la combustion, est vicié par les vapeurs du corps qui brûle; qui contracte des unions avec ces vapeurs, et qui même se combine avec le résidu des corps brûlés, ainsi que M. Lavoisier l'a prouvé par un grand nombre de belles expériences? C'est une question qu'il faut résoudre d'une manière décisive et absolument prononcée, pour arriver d'un pas sûr au but proposé par l'académie.

L'air qui concourt à tant de phénomènes, et qui, dans celui de la flamme, fait l'office d'un courant, n'est point le même élément que la substance éthérée de la lumière, laquelle ne se déplace et ne s'écoule jamais, et dont les vibrations sont entièrement loco-motives. La substance de la lumière ne peut point être non plus l'air qui se vicie par les vapeurs d'un corps brûlant, qui contracte des unions avec ces vapeurs, qui se combine avec le résidu des corps brûlés. Cet air est donc une autre substance, une substance particulière distincte de celle de la lumière, et répandue constamment dans toute l'atmosphère; qui circule librement et continuellement dans la substance éthérée de la lumière, avec laquelle elle n'a cependant point d'affinité chimique décidée, mais seulement un rapport de mouvement simultané, qui sert de point de contact immédiat à cette substance éthérée; qui a une pesanteur et une légéreté relatives et subordonnées aux vibrations plus ou moins vives, plus ou moins fréquentes de cette même substance éthérée; qui, en suivant le mode de ces vibrations, se raréfie et se condense au gré de ces vibrations même. Cet air est celui que nous respirons et aspirons; celui qui nourrit nos poumons, qui s'y combine d'action avec la substance éthérée de la lumière, dont nous sommes aussi pénétrés à la vérité, mais que nous ne pouvons ni aspirer ni respirer, parce que celle-ci ne s'écoule ni ne se déplace jamais. Cet air enfin est, dans la nature vivante et organisée, c'est-à-dire dans l'atmosphère d'un

corps céleste en mouvement sur lui-même, l'é-
ternel compagnon de l'éther universel ou substance éthérée de la lumière. Tous les deux
agissent et réagissent continuellement l'un sur
l'autre : la substance éthérée de la lumière universelle, comme ressort, et celle de notre air
général comme mobile. Mais la substance de
notre air, très-distincte de la substance propre
de l'éther universel, ne pouvant provenir de cet
éther, avec lequel elle n'a aucune affinité chimique, il est évident qu'elle est le produit des
émanations aqueuses (ou terrestres en général)
les plus pures; produit opéré dès la formation
de la terre, maintenu par la rotation du globe
sur lui-même, et qui dès-lors a été distingué
par sa nature déterminée de fluide général, con-
tigu et permanent, des évaporations journalières
et périodiques, des exhalaisons passagères, des
nuages et des gaz particuliers répandus çà et
là sur la surface de la terre et des eaux. Cet
air, ce fluide, est la première base de notre atmosphère; c'est lui qui se dilate et se condense
en première instance, et qui, par là, dilate et
condense les vapeurs portées dans son milieu.
C'est lui qui, par la propriété immédiate qu'il
a de se dilater et de se condenser, opère immédiatement hors de nous le phénomène de la
chaleur et celui du froid, et dans nous par con-

tiguité de matière, la sensation de ces deux effets.
C'est ce même air qui est le véhiculeet le mobile de la flamme , et par conséquent du principe
inflammable engagé dans les corps : c'est lui qui
se phlogistique en plus et se déphlogistique en
moins , en se chargeant et en se déchargeant du
principe inflammable émané des corps; qui, en se
phlogistiquant par surabondance, déphlogistique
les substances terrestres; qui , en se déphlogisti-
quant par excès , phlogistique ces mêmes substances; qui pénètre les pores des corps , et par
conséquent se mêle et se combine à tout. Ce
fluide, on n'en peut douter, est donc une modification d'élémens, une substance essentielle et
absolue que la nature a destinée à servir d'intermède général à toutes ses combinaisons et à
toutes ses opérations, ainsi qu'à tous les phénomènes de la lumière, des couleurs, de l'ignition,
de l'incandescence , de la flamme et de l'embrasement. Défini sous tous ces rapports, ce
fluide se conçoit aussi comme la cause de la
fluidité de l'eau et des autres liquides terrestres.
Il s'écoule et se déplace réellement lui-même
d'un lieu à un autre lieu, soit par le déplacement du globe dans l'espace absolu (ce qui est
tout le contraire pour la substance de l'éther,
qui ne se déplace jamais); soit par les variations
de l'atmosphère , et les dilatations et condensa-

tions qui s'opèrent en lui. Cet air général, quoique appelé air vital, n'est point, depuis sa base jusqu'à la dernière circonférence de l'atmosphère, un fluide simple et exempt de mélange, tel que l'éther des plaines azurées. Toutes les vapeurs et les exhalaisons qui se répandent dans son milieu jusqu'à une certaine hauteur, agissent et réagissent sur lui chacune de la manière qui leur est propre, les vapeurs aqueuses en rendant cet air humide, les vapeurs sulfureuses en rendant cet air sec; et ainsi des autres accidens produits par ces vapeurs dans l'air général, et qui sont communs à sa dilatation et à sa condensation, sans que ces vapeurs déterminent en rien, dans sa dilatation, le phénomène de la chaleur, ni dans sa condensation, celui du froid; et sans que ces mêmes vapeurs soient la matière immédiate de l'un ni de l'autre, c'est-à-dire, du froid ni du chaud. C'est par les actions et réactions des vapeurs portées dans le milieu de notre air général, que cet air agit et réagit sur la substance de l'éther, comme les vibrations de cette substance agissent et réagissent sur les vapeurs et sur tous les corps terrestres, par les oscillations de ce même air. C'est par là que ce même air, matière unique et immédiate de la chaleur (comme on le prouvera dans cette dissertation) devient l'intermédiaire continuel et absolu entre la substance de l'éther et toutes les substances terrestres ; c'est par là qu'il concourt au phénomène de la lumière du jour, à celui du feu brûlant et lumineux ou feu de cuisine, etc. ainsi qu'on l'expliquera bientôt.

La lumière d'une bougie s'éteint dans le vide artificiel. Cette expérience prouve par conséquent que la lumière du feu ne peut avoir lieu sans air. Cependant la lumière du jour, ou pour mieux dire, les vibrations de cette lumière, se transmettent et se propagent toujours au travers du verre où se fait l'expérience ; ce qui annonceroit que la lumière du jour est une substance d'une autre nature que celle du feu lumineux, et qu'elle n'a pas besoin du secours de l'air pour se transmettre et se propager au travers de ce verre. Mais il faut observer que les vibrations de la lumière du jour ne se transmettent pas seulement au travers du verre, mais au-delà, et respectivement de toutes les surfaces extérieures et intérieures de ce verre ; parce que ce verre est un milieu qui suppléeroit toujours à l'air intérieur, en supposant même que le vide fût parfait. D'un autre côté, il faut considérer que l'air vital, dans le phénomène de la bougie éteinte, n'étoit pas seulement conducteur de la lumière de cette bougie, mais partie constitutive et mobile de la flamme et de l'étincelle, et en

outre (ce qui est bien plus décisif encore),
puissance co-élastique avec les vibrations de la
lumière extérieure. Or, l'air vital ne pénétrant
point le verre, sa solution de continuité avec sa
masse extérieure, lors du vide artificiel, réduit
son élasticité à zéro, d'où résulte la disparition
du phénomène lumineux de la bougie, et ensuite
de l'incandescence du lumignon. Il est donc
prouvé par l'expérience, appuyée de l'observation et d'un raisonnement précis, que l'air vital
de l'atmosphère et son élasticité donnée dans
cette atmosphère, sont absolument essentielles
au phénomène de l'ignition, de l'incandescence
et de la flamme. On prétend d'ailleurs, et on va
prouver par les mêmes principes, que le phénomène de la lumière atmosphérique (la lumière
du jour), est également dû au concours de cet
air et à son élasticité. Mais, pour donner aux
preuves proposées à cet égard une base plus
vaste et plus solide, analysons les opinions les
plus nouvelles et les plus lucides sur la nature
de la lumière universelle.

« La lumière disent les auteurs de *la Physique du monde* (tome V, 2e partie), n'est ni
de l'air, ni du principe inflammable ; elle n'est
point un composé de ces deux substances, mais
un être simple, indécomposable : elle n'est que
le principe éthéré pur, homogène ; et com-

ment oseroit-on dire que la lumière qui remplit l'espace éthéré est composée d'air et du principe inflammable ? Comment oseroit-on dire que notre lumière, qui est certainement identique avec celle des cieux est un mixte composé d'air et de principe inflammable ? Mais ce principe éthéré s'unit aisément au principe inflammable et s'en sépare difficilement. »

La distinction que font MM. de Marivetz et Goussier de la lumière avec l'air et avec le principe inflammable, est juste à beaucoup d'égards. Cependant il faut observer, *que la lumière des atmosphères des corps célestes, telle qu'on la considère dans la scintillation des planètes et des étoiles, et telle qu'elle agit dans l'atmosphère de notre globe, n'est point absolument identique avec celle des cieux ou des espaces interplanétaires.* Celle des cieux est absolument pure, ou pour mieux dire, elle n'est que l'effet de la diaphanéité ou transparence absolue du fluide universel éthéré, comme ses vibrations ne sont que des lignes directes absolues de commotion et de correspondance entre les corps célestes des uns aux autres. Cette lumière des cieux n'est donc point une lumière proprement dite; ce n'est que l'éther universel dans toute sa diaphanéité, sa transparence et sa pureté. Mais cette transparence devient lumière autour des corps célestes ; et c'est là, quoiqu'elle soit toujours une suite des vibrations de l'éther, qu'elle paroît s'épaissir et qu'elle s'épaissit en effet autour de ces corps, pour scintiller à nos yeux ; parce qu'alors elle agit et s'infléchit ou se contracte sur un fluide particulier plus dense que le sien. Ce fluide est celui qui est propre aux atmosphères générales des corps célestes, celui qui émane des substances mêmes de ces corps, et qui circule autour d'eux jusqu'à une certaine hauteur. Ce n'est donc réellement qu'avec l'air général de notre atmosphère, que l'éther ou substance éthérée de l'espace absolu contracte une modification qui puisse s'appeler proprement *lumière* ; et dans ce cas, ce n'est point au principe inflammable qu'elle s'unit, et dont elle se sépare difficilement ; car alors l'air général, l'air vital de l'atmosphère ne seroit composé que d'un principe inflammable général et toujours en action de feu, ce qui n'est pas vrai. Il faut donc regarder l'air vital de notre atmosphère, comme un fluide exclusivement et généralement intermédiaire entre la substance de l'éther et toutes les autres substances terrestres quelconques, solides, fluides ou aériformes.

C'est à cet intermédiaire mis en mouvement par les vibrations de l'éther, rendu fluide par ces mêmes vibrations, enfin à ce fluide appelé air vital, qui s'écoule d'un lieu à un autre, ainsi que l'eau, qu'il faut attribuer immédiatement le transport et la dissémination du phlogistique ou principe inflammable, et médiatement le phénomène de la lumière du jour. On reviendra sur cet objet d'une manière plus décisive encore. Passons aux opinions de M. Marat, lesquelles se trouvant en conflit avec celles de MM. de Marivetz et Goussier, jettent un grand jour sur les principes et les preuves déja établis dans cette dissertation.

Les opinions de M. Marat sur le feu, sont les mêmes à beaucoup d'égards que celles de MM. de Marivetz et Goussier (disent ces deux auteurs collègues, dans leur tome V, 2e part.); mais elles diffèrent, » 1°. en ce que M. Marat ne distingue point, ainsi qu'eux, l'agent de la chaleur ou du feu obscur, d'avec l'agent du feu lumineux ou de l'ignition, de l'embrasement, de la flamme ; 2°. en ce qu'il ne considère point cette modification d'un fluide particulier que l'on appelle *feu*, comme appartenante à la substance propre de la lumière, c'est-à-dire à ce fluide universel appelé *l'éther*, et qu'il est impossible de ne pas admettre dans la nature. « M. Marat, ajoutent-ils, suppose un fluide particulier qu'il nomme *fluide igné*, et auquel il attribue toutes les propriétés qui peuvent produire les phénomènes que l'on désigne par le nom d'effets du feu. «

Ce conflit d'opinions entre les auteurs de la Physique du monde et M. Marat, va jeter un grand jour sur la véritable nature du feu, et sur les causes qui le produisent. M. Marat suppose un fluide particulier qu'il nomme fluide igné, et auquel il attribue toutes les propriétés de ce phénomène. On voit qu'il prend ici l'air ou fluide atmosphérique qui concourt à la production du phénomène, pour cause et matière unique de ce phénomène ; tandis que cet air n'est que cause et matière intermédiaire : cause intermédiaire entre les vibrations de l'éther et celles du principe inflammable degagé des corps en combustion, et substance intermédiaire entre ces deux substances respectivement, et entre les autres vapeurs qui s'exhalent du corps incendié et celles qui gravitent en résidu. Ce n'est donc point à la modification de ce fluide seul, mais au concours de sa mobilité et de son élasticité avec les vibrations de l'éther et avec celles du principe inflammable dégagé des corps, enfin aux contre-chocs des élémens de cet air contre ceux du phlogistique d'une part, et contre ceux de l'éther de l'autre (1), que sont dus tous

____

(1) Ce sont ces contre-chocs qui ont fait dire à Crawford, que le phlogistique et le feu se repoussoient. On voit combien cette proposition rend sa théorie chimique du feu obscure et

les phénomènes du feu d'incendie. M. Marat en prenant la substance seule de l'air vital et général de l'atmosphère pour le fluide igné, n'a pas senti. que cet air, fluide en effet par lui-même, ne pouvoit être igné que par le concours des vibrations de l'éther et de celles du principe inflammable mis à nu et dégagé brusquement des substances fluides ou solides, dans lesquelles il étoit enveloppé et concentré auparavant.

Une nouvelle classe de chimistes (1) semble nous annoncer de même en ce moment, par les expériences les plus imposantes, que l'air vital, ce fluide que nous respirons et qui nous fait respirer, est la véritable et unique matière non seulemeut de la chaleur, mais du feu d'incendie. Cet air, composé de deux matières hétérogènes entre elles, d'un principe inflammable d'une part, et d'un air pur de l'autre, se fixe, suivant ces chimistes, par attraction sur les corps combustibles, pour y produire le phénomène du feu brûlant et lumineux. Chaque portion de cet air seroit donc, pour ainsi dire, une mèche soufrée, prête en tout temps et en tout

équivoque, et combien il est nécessaire de recourir aux grands principes de physique, lorsque ceux de la chimie nous manquent, ou sont en contradiction avec eux-mêmes.

(1) M. Lavoisier en France, M. Cavendish en Angleterre.

lieu à s'attacher aux corps susceptibles de la recevoir et d'en développer l'effet. L'affinité des principes de cet air vital avec ceux des corps en combustion paroît suffire à ces chimistes pour opérer le phénomène ; et la flamme ainsi que l'étincelle semblent dus, non au principe inflammable contenu dans les corps, principe qu'on se croit autorisé à méconnoître ici et à négliger, mais à l'air qui se dégage de ces corps, et qui se combine après la combustion avec leur résidu. C'est enfin, suivant l'explication précise de ces expériences, l'air qui se brûle et se décompose lui-même ; d'où l'on est prêt à conclure que le principe inflammable concentré et fixé dans les corps n'est plus qu'une chimère, et que toutes les théories chimiques fondées sur l'existence de ce principe ou feu fixe, sont fausses et illusoires.

Mais pour peu qu'on y réfléchisse, on verra au contraire que la véritable conclusion à tirer de ces expériences, est entièrement en faveur du principe inflammable contenu et fixé dans les corps combustibles ; car s'il est prouvé d'une part que l'air vital est un mélange de deux matières, dont l'une est un principe inflammable, et de l'autre part que tous les corps ne sont pas susceptibles de se brûler, on concevra que l'affinité du principe inflammable de l'air ne peut tendre à l'effet de l'ignition, que dans le contact et le concours d'un autre principe également inflammable, concentré et fixé dans les corps, et non autrement. Si l'on considère ensuite que l'air qui se dégage des corps en combustion, ne peut point être le même air, l'air extérieur, qui vient de se fixer sur le centre d'action ignée, mais un air factice qui se compose des émanations du corps même, on sentira également, que c'est par le concours et le contact immédiat de ces deux airs, tous les deux phlogistiqués, tous les deux en action et en réaction l'un contre l'autre, que s'opère le phénomène de la flamme et de l'étincelle. Ainsi, toutes les explications particulières que l'on peut donner des expériences sur l'air du feu, bien loin de détruire l'existence d'un principe inflammable concentré dans les corps, ne font au contraire que démontrer cette existence sous un plus grand nombre de rapports.

L'air même qui se combine avec le résidu des corps brûlés, et qui est dépouillé de son phlogistique, prouve que ce phlogistique étoit nécessaire à l'action ignée; comme l'affinité réelle, qui a lieu alors entre cet air déphlogistiqué et le résidu des corps brûlés, également déphlogistiqué, prouve que l'un et l'autre ont perdu leur principe inflammable; perte évidente d'où résulte leur union. Mais

Mais sans nous arrêter aux conséquences absolues que l'on semble vouloir tirer de ces expériences contre l'existence d'un principe inflammable renfermé dans les corps, il nous suffit
que ces expériences puissent servir à démontrer
l'existence d'un principe inflammable, distinct
d'un air ou fluide atmosphérique appelé *air pur*,
quoique combiné avec lui; tandis que nous
démontrons d'un autre côté l'existence de cet
air pur comme matière distincte de la substance
de l'éther, quoique combinée d'action avec cette
substance, pour le phénomène de la lumière atmosphérique des corps célestes. L'existence de
la substance de l'éther est distincte de toute
autre espèce d'air ou fluide, non seulement par
sa transparence, mais par l'élasticité supérieure
de son milieu azuré et par ses vibrations directes et loco-motives; vibrations produites,
continuées et propagées dans tout l'espace, et
d'un corps céleste à un autre, instantanément sur
la surface des atmosphères de ces corps, et
successivement à travers ces atmosphères.

Il s'agit maintenant de mettre en œuvre les
preuves et les principes que l'on vient d'établir, pour en composer l'explication claire et
précise du phénomène de la chaleur, et ensuite
de celui du feu d'incendie. Procédons à ces
explications d'une manière assez décisive,

C

pour satisfaire également les chimistes et les physiciens.

Pour bien comprendre le phénomène de la chaleur, il faut d'abord le saisir dans le rapport des sensations que ce phénomène produit en nous. Supposons pour cela l'air ou fluide atmosphérique, en un instant donné, dans une température égale entre le froid et le chaud. Si le chaud vient à dominer ensuite, quelle en sera la première cause apparente à tous les yeux, la première cause sensible pour tous les hommes? Ce seront sans doute les vibrations solaires, qui, interceptées auparavant par des nuages, des brouillards ou d'autres vapeurs humides, auront ralenti pour nous leur fréquence et leur énergie, ainsi que l'éclat de la lumière atmosphérique. Voilà bien certainement la cause apparente du degré de chaleur de plus que nous venons d'éprouver. Mais si nous avons senti en nous l'effet de cette cause apparente, il est clair que cet effet a eu lieu hors de nous, et par conséquent dans l'air que nous respirons. Or, nous savons, $1°$. que cet effet ne peut avoir lieu dans l'air qu'en dilatant cet air, et $2°$. que l'éther, dont les vibrations agissent sur notre atmosphère, ne se dilate ni ne se condense point. C'est donc de la dilatation de l'air ou fluide général de notre atmosphère, fluide qui

est intermédiaire entre nous et les rayons solaires, que nous tenons immédiatement la sensation de chaleur que nous venons d'éprouver.
Voilà par conséquent la vraie cause de cette
sensation. Lorsque cet air a perdu de son ressort par une dilatation extrême, nous ressen-
tons une pression étouffante dans les bronches
du poumon, parce qu'il s'élève alors dans l'atmosphère, des mofettes gazeuses qui se répandent dans les intervalles trop dilatés de cet air,
et qui, en le viciant, prennent en partie sa
place dans nos poumons, où elles interceptent
l'uniformité de chaleur qui y étoit répandue auparavant, et font sortir du corps l'air et l'eau
par une sueur abondante. Mais il n'est pas question ici du phlogistique que ces mofettes peuvent contenir : ce phlogistique dégagé des corps
par la grande dilatation de l'air général, peut
bien, à la vérité, faire partie surabondante de
celui que nous respirons dans ces momens ; mais
il n'est nullement la cause ni la matière de la
chaleur, puisqu'il ne se répand point uniform-
mément comme elle ; puisqu'il n'entre dans le
phénomène général, ni dans les phénomènes
particuliers de la dilatation de notre air habi-
tuel, ni comme matière première, perma-
nente et contiguë, ni comme puissance mécanique et physique, directe et générale,

mais seulement comme effet accidentel de cette puissance, et comme supplément inégal et variable d'air factice, dans les intervalles trop dilatés de l'air vital et permanent de l'atmosphère.

Ainsi la matière immédiate de la chaleur est le fluide général de notre atmosphère, l'air vital; les degrés de cette chaleur sont un effet de la dilatation plus ou moins grande de cette même matière; et les différens degrés de dilatation de cette matière sont un effet des vibrations plus ou moins vives, plus ou moins fréquentes de l'éther environnant. On pourroit, en remontant de là, attribuer à la substance éthérée de la lumière la véritable matière de la chaleur, si cette matière étoit susceptible de se dilater et de se condenser, pour imprimer en nous les degrés de sensations par lesquels nous éprouvons les degrés du froid ou du chaud; si elle étoit également susceptible de circuler en nous et hors de nous par déplacement, et de se répandre uniformément comme l'air; si, d'un autre côté, cette matière de l'éther produisoit la lumière du jour sans le secours de l'air, et si elle portoit ses vibrations directes instantanément sur nous, sans passer au travers des différentes couches de l'atmosphère, dont l'air est le milieu principal et absolu.

Nous venons de voir au premier coup-d'œil,

que la cause immédiate de la sensation distincte de la chaleur générale, réside incontestablement dans la dilatation de l'air vital de l'atmosphère; et que cet air, comme base réelle, constante et générale de cette atmosphère, et comme intermède absolu entre les vibrations de l'éther et les corps terrestres, ne peut être considéré, par ces deux raisons, autrement que comme la véritable matière de la chaleur. Voyons maintenant si cette vérité démontrée pour la chaleur générale de l'atmosphère, se démontre également pour la chaleur particulière et accidentelle.

Le propre de la dilatation de l'air général de l'atmosphère, est de dilater les substances terrestres qui sont pénétrées de cet air ; d'où résultent nécessairement en elles (comme dans l'air lui-même), par contiguité de matière et d'action, un mouvement relatif à la nature de leur composé, et en même temps une transsudation, ou liquéfaction, ou évaporation, plus ou moins considérable, suivant que la dilatation de l'air général est plus ou moins grande, et que les corps sont plus ou moins susceptibles de ces trois effets, ou de l'un d'eux. Toutes les transsudations, les liquéfactions, les vaporisations, les exhalaisons, sont donc, sans exception, une suite et un effet de la dilatation de l'air. La chaleur de l'eau bouillante n'est visiblement aussi qu'une dilatation, ou pour mieux dire, un développement de l'air pur, considéré comme partie intégrante de l'eau, son analogue immédiat. Ce n'est certainement pas le phlogistique du foyer convoyé dans cette eau qui en occasionne la chaleur; car il y a solution parfaite de contiguité de substance, entre ce phlogistique qui s'exalte sans cesse hors du brasier, et l'eau qui bout sur elle-même : il n'y a qu'une continuité de mouvement et de vibrations ignées, dont l'air extérieur est le véhicule et le conducteur au travers du vase échauffé, comme autour du brasier même, où il répand uniformément sa propre matière dilatée, matière de la chaleur. La fermentation des substances putrescibles n'a point également d'autre cause immédiate que la dilatation de l'air contenu dans ces substances, dont le phlogistique n'est que le composant, et dont l'air ou l'eau, son analogue, est toujours le menstrue et le dissolvant Mais un des effets les plus décisifs de cette dilatation, est la fermentation des substances végétales, accumulées, par exemple, dans une meule de foin exposée à l'air libre, au temps des grandes chaleurs, et pénétrée encore d'une certaine humidité. Cette masse de foin, mise en macération

suffisante par une humidité uniformément répandue en elle, s'échauffe insensiblement comme
l'air extérieur se dilate, et à mesure que l'humidité s'évapore. Sa chaleur n'est pas douteuse,
puisqu'on peut en éprouver la sensation distincte, en y mettant la main. L'évaporation des
particules humides contenues auparavant dans
le foin, n'est pas douteuse non plus, puisqu'on
peut l'appercevoir, comme on apperçoit celle
du fumier. Or, toutes les particules humides
s'étant échappées de la meule ou d'une partie
de cette meule, et ayant dégagé lentement,
en s'échappant, une portion du phlogistique
contenu dans le tissu léger des végétaux (portion qui reste en gaz inflammable autour du
foin échauffé) (1), les autres parties du phlo-

(1) Le gaz qui, dans cette circonstance, se forme autour
de la meule de foin, se compare naturellement, pour le phlogistique qui y est contenu, à celui qui s'accumule sur un paratonnerre et autour des plateaux et des gâteaux électriques.
S'il n'y avoit point de phlogistique ailleurs que dans le gaz,
l'explosion électrique simple ou électrico-ignée n'auroit point
lieu, parce qu'il faut deux points de vibrations donnés, d'où
l'air puisse agir et réagir comme conducteur efficient. Dans
l'électricité artificielle, les deux points donnés sont le plateau
ou le gâteau et la verge de métal. Dans l'électricité naturelle,
c'est le paratonnerre ou autre corps électrique et le nuage phlo-
gistiqué. Dans l'explosion ignée, c'est le contact d'un corps
dont le phlogistique est déja en grand mouvement avec un autre
corps dont le phlogistique est presque à nud, ou en développement d'effervescence. Ici, et dans le phénomène de la meule de

gistique , bientôt mises à nud , cherchent alors à se dégager brusquement ; d'où s'ensuit un autre phénomène composé de flamme , d'étincelles et de chaleur. C'est ici où le phlogistique restant , électrisé par le gaz environnant, et forcé de briser instamment sa dernière enveloppe ,

---

foin embrasée , il y a aussi deux points ou centres d'électricité : celui du phlogistique contenu dans le gaz environnant et porté à l'état de fluide élastique , et celui du phlogistique restant dans les substances végétales , et prêt à rompre sa dernière enveloppe. C'est donc au moment où le gaz environnant vient d'acquérir une élasticité suffisante , et où le phlogistique restant va rompre sa dernière enveloppe , que se fait la commotion ignée. Cette commotion reçue et rendue réciproquement par l'air aux deux centres de vibrations , force le plus volatil des deux , celui du gaz environnant , de faire explosion. Mais cette explosion ayant dissipé le gaz , l'action ignée se continue nécessairement sur le centre solide d'où partent dès-lors de nouvelles vibrations et de nouvelles éruptions du phlogistique restant. Voilà donc le foyer du feu d'incendie bien déterminé. Ce foyer ne peut être que là où le phlogistique existe , et où la résistance du corps incendié se maintient. Ce n'est plus le gaz qui opère la continuation du phénomène , c'est le phlogistique qui se dégage successivement de toutes les parties de ce corps. Ainsi les gaz , quoique centres de vibrations élastiques pour le produit des phénomènes d'électricité simple ou d'électricité ignée , ne sont que des accessoires à ces phénomènes ; ils ne doivent même leurs propriétés vibratoires qu'au phlogistique qui forme la trame de leur tissu aériforme ; et c'est par conséquent dans ce PHLOGISTIQUE , de quelque manière qu'il se trouve combiné avec les substances aériennes , aqueuses ou solides , qu'on est toujours forcé de retrouver et de reconnoître la véritable MATIÈRE DU FEU.

commence à jouer son rôle. Le moment où il paroît sur la scène, est la ligne de démarcation entre la chaleur simple ou chaleur obscure, et le feu brûlant et lumineux. L'air fait alors deux rôles au lieu d'un : sa substance, toujours matière de la chaleur, devient partie fluide du jet flamboyant, sur la surface du corps enflammé, comme elle est au-dedans partie oscillante de l'étincelle : dans ces circonstances, le milieu blanchissant appartient à l'air pur, et la couleur rubescente ou toute autre nuance de couleur appartient au phlogistique de l'air vital, et à celui qui s'échappe du corps incendié. L'air pur n'est que l'enveloppe du globule incandescent, comme il n'est que le conducteur des vibrations flamboyantes données par l'éruption du phlogistique, et transmises dans son milieu, comme sous un voile nécessaire. Le courant de feu que la mobilité de l'air entretient du centre à la circonférence, est le produit de son élasticité hors du corps incendié, comme l'incandescence est le produit de cette même élasticité au-dedans de ce corps. Les éruptions brusques et rapides du phlogistique qu'il entraîne hors du corps, le forcent à rendre à la substance vibrante de l'éther, le contre-coup des vibrations qu'il reçoit des élémens de ce phlogistique ; d'où résultent, non-seulement l'éclat lumineux de la flamme hors du corps, mais l'acidité et la causticité de cet éclat. De même le développement rapide et vibratoire des élémens de ce phlogistique dans le corps, force l'air à des oscillations locales; d'où résultent des vibrations dans l'éther, analogues à l'incandescence, et susceptibles également d'acidité et de causticité, tant par la nature des élémens du phlogistique, que par la multiplicité de ses vibrations, combinées avec celles de l'éther et avec les oscillations de l'air. D'un autre côté, le mouvement de l'air, fixé sur un centre particulier d'action, et redoublé par l'élasticité de l'éther et par la résistance des élémens du phlogistique, augmente d'autant la dilatation, et par conséquent la chaleur de ses colonnes contiguës autour de ce centre; effet qui rentre naturellement dans le phénomène général de la dilatation de l'air, dont la cause est de même un centre de mouvement donné, et dont la matière calorifique est la substance propre de ce même air.

Ainsi, abstraction faite du développement rapide et de l'éruption subite des élémens du phlogistique ou *principe inflammable* contenu dans les corps, tous les phénomènes de la chaleur sont égaux entre eux; tous se rapportent à la même cause et à la même matière.

Pour continuer à établir en preuves et en

principes la différence essentielle du phlogistique et de la matière de la chaleur , entrons dans quelques détails , relativement aux propriétés respectives de chacune de ces deux substances.

L'air vital ou matière de la chaleur a la propriété de se dilater et de se condenser. Par la première de ces propriétés , il pompe ou attire les vapeurs passagères et les airs factices dans son sein ; par la seconde , il les repousse et les comprime. Sa pesanteur et sa légèreté sont relatives , en quelque sorte , par conséquent aux différens degrés de condensation et de dilatation où il se trouve. S'il se dilate et se raréfie , il devient plus léger par lui-même , et rend par conséquent les vapeurs qu'il pompe plus légères aussi ; ce qui fait croire que ces vapeurs sont plus légères que lui, d'autant plus qu'il les exalte dans son sein , et les élève au-dessus de sa première base , qui est la surface solide de la terre. S'il se condense et se resserre , il devient plus pesant , et rend par conséquent les vapeurs qu'il repousse plus pesantes aussi. Mais cet air, considéré indépendamment de ses propriétés mécaniques , et seulement dans la nature propre de ses élémens corporels, est intrinsèquement pesant ; et, sous ce rapport, il a une existence chimique très-décidée , d'autant plus qu'il s'unit et se combine avec les mixtes fluides ou solides dont ses élémens deviennent quelquefois parties intégrantes en qualité de corps fixes , et dont il occupe toujours les pores en qualité de fluide général. Les élémens de la partie de cet air , appelé *air pur* , en se dégageant des corps mixtes , se retrouvent toujours semblables à eux-mêmes , comme , par exemple , dans la vaporisation de l'eau , son analogue immédiat , et dans la production d'un air pur factice , par la chaux de mercure, son analogue plus éloigné : d'où il est naturel de conclure que les élémens de l'air pur de l'atmosphère (de cette portion d'air général qui sert d'intermède aux vibrations de l'éther et aux oscillations des substances terrestres) , ainsi que les élémens de ce même air , combinés dans les corps fixes (ou comme parties solides et intégrantes , ou comme parties fluides et contiguës) , sont absolument du même genre. Cette nature d'élémens est improductible et indestructible , puisque ces élémens se trouvent toujours les mêmes , et comme parties constituantes et absolues de l'air pur de l'atmosphère , et comme points de contact pour les vibrations lumineuses , et pour les accidens des couleurs dans les substances solides ou fluides ; puisqu'ils ont toujours les mêmes propriétés chimiques ,

et comme base terreuse des chaux métalliques,
et comme principes inodores et sans saveur
dans les substances aqueuses dépouillées de
phlogistique, et comme parties oscillantes et
fluides dans le jet blanc du feu d'incendie, et
comme base purement blanche et sans couleur,
ainsi que sans ardeur, dans le phosphorisme des
vers luisans et des bois pourris ; phénomène
qui n'est autre chose qu'une petite portion d'air
pur et très-dilaté, dans laquelle un peu de phlogistique mis à nud, vibre sans se déplacer, du
point donné des fibres du bois pourri ou de
celles du vermisseau. Ainsi la nature des élémens de l'air vital, étant déterminée par sa position et ses effets, et distinguée des élémens
du phlogistique ou principe inflammable des
corps, par des propriétés différentes, la matière
de la chaleur générale ou particulière est parfaitement connue.

D'un autre côté, il est parfaitement démontré
par les expériences des plus habiles chimistes
et par les observations des plus grands physiciens, que le phlogistique ou principe inflammable des corps est également improductible
et indestructible. Ce principe reste toujours le
même et conserve sa nature dans quelque circonstance qu'il se trouve. On ne peut douter
par conséquent qu'il ne soit un élément réel.

Cet élément est très-distinct de celui de l'air pur, puisqu'on le trouve dans toutes les parties colorantes, savouréuses et odorantes des mixtes solides ou fluides, dans lesquels l'air pur n'est que portion blanchissante et simple point de contact; puisqu'on peut le reconnoître dans les couleurs de l'arc-en-ciel et dans les aurores boréales, où l'air n'est que l'intermédiaire et le milieu de ses vibrations diverses et isochrones; puisqu'on l'a saisi dans les éclairs et dans la foudre, où l'air pur n'est que le véhicule et le conducteur de ses explosions (d'où dérive l'explication du phénomène de l'électricité); puisqu'enfin on a dévoilé son défaut dans l'étiolement des plantes, et son retour dans la revification des chaux métalliques, où l'air pur n'est également que son véhicule et son introducteur. Ainsi la nature des élémens du phlogistique ou principe inflammable, étant déterminée par sa position et ses effets, et distinguée essentiellement de la nature des autres élémens corporels, et sur-tout de ceux de l'air pur, *air déphlogistiqué*, la véritable matière du feu de cuisine ou d'incendie est parfaitement connue.

En combinant maintenant ces deux matières sous tous les rapports possibles, nous aurons toutes les données proportionnelles de combustibilité, d'inflammabilité, de fusibilité, de vitrescibilité et de calcinabilité. Nous trouverons en outre dans cette combinaison: 1°. la véritable matière électrique, 2°. celle des effervescences avec chaleur; 3°. celle des cristallisations, 4°. le principe huileux, ou corps gras de Staahl, dont le principe inflammable est le composant (que les chimistes appellent *esprit recteur*), et dont l'air pur, ou les élémens de sa même nature, sont le composé ; et 5°. *l'acidum pingue* de Meyer, dont *l'acidum* est le principe inflammable, et dont le *pingue* est l'air pur, ou les élémens de son genre, qui enveloppent *l'acidum*. Nous y reconnoîtrons les essences spiritueuses, dont la base est l'eau, et dont le composant spécifique est toujours le principe inflammable porté à l'état de fluide aqueux par l'intermède de l'air même. Nous verrons dans la substance des végétaux une base terreuse, dont le composant est toujours aussi, en proportions spécifiques, le principe inflammable porté à l'état de solide par une force de gravitation donnée au composé, dans son adhérence au noyau terrestre. Dans les métaux, nous trouverons aussi une base terreuse dont le composant d'espèce est de même, sous différens rapports, le principe inflammable, porté également à l'état de solide par la force de gravitation donnée au composé. Enfin nous appercevrons dans le concours de ces deux matières, tous les accidens de la combustion et de l'inflammation, par la force d'expansion de l'une et par la vibration électrique de l'autre ; celui de la fusion et de la vitrification des métaux, par le combat obstiné des deux matières l'une contre l'autre ; celui de la calcination et de la décoloration de ces métaux, ainsi que de leur augmentation de poids, par l'absence forcée du principe inflammable et par le remplacement de l'air pur absorbé en eux, et celui de la revification et de la recoloration de ces mêmes métaux, par la réintroduction du principe inflammable dans ces composés ; réintroduction due à la mobilité et à la fluidité de l'air, ainsi qu'à la pesanteur et à la configuration des parties du résidu métallique. Donnons quelques exemples de ces combinaisons et des différens effets qu'elles produisent.

Aucun corps solide dans la nature, excepté peut-être le mercure, l'or et le diamant, n'est composé de parties parfaitement homogènes ; aucun, sans exception, n'est parfaitement compacte et sans pores. Dans tous par conséquent la substance éthérée de la lumière s'insinue pour s'y absorber ou s'y réfracter. Tous d'ailleurs sont pénétrés plus ou moins, suivant la quantité et la grosseur de leurs pores, par cette portion d'air atmosphérique appelée *air pur*.

En

En considérant donc que les corps solides,
bien loin d'être homogènes, sont presque tous,
au contraire, composés d'un alliage quelconque
d'élémens hétérogènes entre eux, on se trouve
forcé de rejeter non-seulement l'homogénéité
de la matière universelle, mais l'uniformité universelle des élémens de première composition.
Si tous ces élémens avoient la même forme
absolue, comme celle de globule par exemple,
il n'y auroit aucune raison pour que l'arrangement des parties d'une substance différât de
celui d'une autre substance; et l'arrangement de
ces parties ne différant point d'une substance à
l'autre, la qualité, la forme, les propriétés ne
différeroient point non plus. Mais cette diversité
spécifique de rapports existe bien réellement,
non-seulement entre les substances des trois
règnes, mais entre celles de chaque règne. Il
y a donc, quoi qu'en disent quelques physiciens,
une diversité de formes dans les élémens simples des corps, laquelle se conçoit par des propriétés particulières, telle que la propriété des
acides, qui n'est point la même que celle d'autres élémens portés à l'état d'alkalis; et c'est de
cette diversité de formes et de propriétés que résultent la diversité d'arrangemens dans les composés, et de-là des substances du même règne,

D

plus ou moins poreuses, plus ou moins alkali-
nes, plus ou moins acides, etc.

Mais, en outre de la diversité de formes dans
les élemens simples des corps, et de la différence
de propriétés entre les acides et les autres élémens corporels réduits ou combinés à l'état
d'alkalis, il y a des qualités et des proportions
de mélange qui varient singulièrement les substances, et qui déterminent à part, ici, le caractère d'inflammabilité et de volatilité ; là,
celui de fusibilité seulement ; ailleurs, celui de
vitrescibilité ; et dans un autre corps, celui de
calcinabilité. Il est donc de toute évidence, que
le phlogistique intégrant des corps est moins
concentré dans les uns que dans les autres ;
qu'il est plus disséminé ici qu'ailleurs, et que
par-tout ses proportions de quantité diffèrent.
Or, c'est de la différence de ces proportions,
et du degré de concentration et de dissémination où il se trouve dans un composé, que
résultent toutes les variétés d'effets que nous
observons dans les substances soumises à l'action
du feu. Dans la paille et le papier, par exemple,
le phlogistique intégrant est très-rare, tandis qu'il
abonde dans le charbon de terre. Les deux premières substances néanmoins flambent au premier abord du feu, tandis que la dernière tarde

long-temps avant de brûler. On ne peut expliquer cette différence d'effets, qu'en reconnois-
sant que le phlogistique intégrant de la paille et
du papier, quoique plus rare que celui du charbon de terre, y est moins concentré, plus disséminé, et par conséquent plus susceptible d'un
prompt développement. Ainsi ce n'est pas toujours de l'abondance du phlogistique intégrant
dans un corps, que dérive la facilité qu'il a de
se brûler et de s'enflammer, mais quelquefois
de la manière dont le phlogistique est immiscé
aux autres parties constituantes du corps com-
bustible.

La disposition des mélanges détermine aussi
la manière particulière dont certaines substances
éprouvent l'action du feu. Les huiles et les liqueurs
spiritueuses, par un second exemple, s'enflam-
ment et se décomposent en un clin d'œil, sans
laisser aucun résidu ; quoiqu'on ne puisse douter que ces composés ne contiennent beauconp
d'autres élémens différens de ceux du phlogistique. C'est donc nécessairement de la disposition du mélange, que provient l'accident subit
de sa volatilisation totale : 1°. parce que l'équipondérance des parties de ce mélange, dans son
état de fluide, est bien plus délicate que celle
des parties des corps solides ; 2°. parce que les
acides phosphoriques (ou le phlogistique con-

cret) qui sont entrés dans le mélange , quelque concentrés qu'ils puissent être , y sont toujours plus déliés et plus prêts d'agir en liberté , que dans un corps non fluide. Ces acides ont d'ailleurs un rapport si direct avec les élémens du principe inflammable de l'air vital , qu'il est impossible de ne pas compter ce rapport pour quelque chose dans tous les phénomènes d'ignition , et par conséquent dans l'explosion flamboyante des huiles et des liqueurs spiritueuses. Il y a donc trois motifs qui déterminent cette explosion flamboyante et volatilisante : 1º. le rapport des acides de l'air vital avec ceux du phlogistique intégrant des corps; 2º. l'équimotion de fluidité de ces seconds acides avec les élémens combinés à l'état d'alkalis qui les enveloppent et les balancent ; et 3º. les vibrations électrico-ignées de l'air vital , qui détruisent plus facilement cette équimotion que l'équipondérance d'un solide quelconque , et qui , dans cette circonstance , exaltent le composé en entier; parce que les élémens combinés à l'état d'alkalis , n'ayant pas le temps de faire valoir leurs attractions réciproqnes , comme dans la combustion des corps solides , ou dans la fusion des métaux , sont forcés de suivre l'impulsion donnée , et de se volatiliser en même temps.

Les métaux, tels que l'or, l'argent, le plomb,

etc. ont la propriété de se fondre au lieu de
s'enflammer. Il y a donc encore ici une différence essentielle, non-seulement dans la quantité du phlogistique intégrant et dans la manière
dont il est concentré, mais encore dans la qualité et la disposition des élémens qui constituent
ces corps. Pour expliquer cette différence, il
faut considérer d'abord, que ces corps sont des
solides du premier ordre ; en second lieu, qu'ils
contiennent beaucoup de parties homogènes ; en
troisième lieu, que ces parties homogènes ne sont
point de la nature propre des acides ; en qua-
trième lieu, que ces parties étant homogènes,
elles sont plus liées entre elles ; et en cinquième
lieu, qu'étant plus liées entre elles, les vibrations
électrico-ignées de l'air vital ne peuvent attaquer
le composé par autant de points que dans les
autres corps. Il est évident alors, que pour opérer la désunion du composé, les vibrations électrico-ignées de l'air vital ne font autre chose
qu'attirer et volatiliser le peu de phlogistique
concret qui s'y trouve ; comme pour détruire la
contexture d'un collier de perles, on tire le fil
par lequel les grains sont réunis. Dans ce cas,
le composé devenant plus homogène encore,
chaque partie en mouvement doit graviter aussi
plus fortement l'une vers l'autre, ce qui arrive
en effet et occasionne la globulation générale

de toutes ces parties vers un centre commun. La limpidité des fusions prouve l'homogénéité des élémens de la substance réduite ; et cette homogénéité, ainsi que la force de gravitation et d'attraction qui s'augmente entre ces élémens, expliquent la raison pour laquelle l'or, l'argent, le plomb, etc. tombent en fusion plutôt qu'en cendres.

Certaines substances, telles que le basalte en prismes et le grenat, se vitrifient très-facilement et sans addition, parce qu'elles contiennent dans leur partie colorante le phlogistique fixe et intégrant dont le fluide élastique de l'air vital a besoin pour opérer la fusion. Mais dans la circonstance de cette vitrification, ces substances, en perdant leur partie colorante perdent leur phlogistique. Comment alors pourroient-elles se fondre une seconde fois, si dans le refroidissement subséquent, ou en recommençant à se dilater par l'action d'un nouveau feu, elles n'avoient attiré, aspiré, pompé une portion du phlogistique répandu dans l'air vital ou dans les gaz environnans. Cela doit être nécessairement. Je suppose même que deux substances, accouplées comme fondans l'une de l'autre, telles que la craie et l'argile, soient réellement dénuées de phlogistique en elles-mêmes ; si l'une des deux, par sa qualité absorbante (la craie),

a la propriété d'attirer et d'absorber, dans le premier effet de la chaleur et de la dilatation de
ses pores, le principe inflammable répandu dans
l'air vital ou dans les gaz environnans, il n'en
faut pas davantage pour imprimer à l'autre le
mouvement de fusion, et occasionner par là
le mélange des deux matières (1). C'est ce que
l'on concevra aisément en considérant que l'air
vital, ainsi que la plupart des gaz particuliers
qui circulent dans l'atmosphère, peuvent servir,
dans plusieurs occasions, d'intermèdes à la décomposition de certaines substances, comme à
leur revivification, soit par l'attraction que ces
substances exercent elles-mêmes dans ce moment sur l'air vital et sur les gaz environnans,

---

(1) J'observe qu'on ne peut pas tirer de cette exception la
conséquence que le phlogistique intégrant des corps ne doit
être compté pour rien dans le phénomène du feu de cuisine ;
car dans le cas de vitrification dont il s'agit ici, le principe inflammable de l'air vital, ou une portion de celui qui s'échappe
du foyer d'incendie, doit s'absorber nécessairement dans la
craie, lorsque cette matière commence à s'échauffer, et alors
ce principe devient le phlogistique concret du corps absorbant,
pour le faire arriver à l'état de fusion. Sans cette absorbtion
préliminaire, l'ignition, cause prochaine de la fusion et de la
vitrification, ainsi que de l'inflammation, n'auroit jamais lieu ;
parce que dans ces phénomènes, il faut toujours le contact de
deux matières analogues, dont l'une agisse d'ans l'air libre, et
l'autre dans une enveloppe où elle se trouve comme incarcérée,
et d'où elle fasse son éruption.

D iv

soit par l'action du feu, qui, en agissant sur les corps soumis à son incidence directe, déphlogistique les uns pour phlogistiquer les autres. Les moyens de la nature sont infiniment variés dans les accidens, mais ils dérivent toujours des mêmes principes; et c'est en examinant les données de l'expérience et de l'observation dans l'explication d'un phénomène simple, que nous parvenons à en expliquer un plus composé. Dans celui de la craie et de l'argile fondus l'un par l'autre, je me permets de considérer les principes que je viens d'établir, comme des données conséquentes non-seulement aux moyens de la nature, mais aux expériences faites et à faire. Au reste, il n'est pas douteux que toute substance vitrifiée ou mise en fusion métallique par l'action du feu, n'attire, en se refroidissant, des particules de phlogistique émanées de l'air vital ou des gaz circo-incidens; et que ces particules, en saturant le composé, n'établissent la liaison, l'équilibre et la solidité dont ce composé a besoin pour fixer sa masse et son espèce; d'où je conclurai encore, en faveur de mes principes, qu'un phlogistique concret est absolument nécessaire dans les corps combustibles, fusibles, vitrescibles, soit pour composer la trame de leur tissu spécifique, soit pour faire naître en eux l'accident du feu visible ou sensible.

Dans la calcinabilité des métaux parfaits, il faut considérer encore une différence. L'homogénéité parfaite des élémens solides qui sont en fusion, se trouve bien établie sans doute par la limpidité de cette fusion ; mais comment alors la globulation des parties fondues a-t-elle pu être arrêtée par la continuation du feu, puisque c'est le feu même qui l'a occasionnée en dépouillant le métal de son phlogistique concret ? Il y a donc vraisemblablement ici une cause particulière qui a interrompu la fusion ; et cette cause ne peut se concevoir que comme une addition de principes corporels, émanés de l'air vital ou des gaz circo-incidens, mais différens de la nature et du caractère du principe inflammable ; car sans cette différence, la fusion auroit toujours lui. Il est évident alors que les principes absorbés sont ceux de la partie d'air vital appelée *air pur*. D'ailleurs, l'addition qui s'est faite a réellement porté le métal à l'état d'alkali, et cette addition est réellement un excès, puisque alors la proportion et l'équipondérance requises pour la libre fusion des parties ont été détruites et la fusion arrêtée. Les chaux qui résultent de cet excès de saturation (excès démontré par un poids plus considérable), se revivifient ensuite et représentent le même caractère métallique, et cela par le moyen du feu seulement, et sans intermède. Il n'est donc pas douteux que ces chaux avoient pompé, pendant leur refroidissement, une petite portion de phlogistique, qui, dans la nouvelle opération, sert à chasser l'excès du principe qui les a mis à l'état d'alkalis, pour rétablir la libre fusion du métal, et qui, au second refroidissement, s'y établit elle-même en quantité suffisante et intégrante, non-seulement pour interrompre le mouvement de la fusion, mais pour lier, sous ses premiers rapports d'homogénéité, le composé en masse solide. Cette explication, à ce qu'il me semble, rend assez bien raison du véritable mécanisme des opérations chimiques de la nature dans la calcination des métaux parfaits. Elle prouve d'ailleurs que le principe inflammable de l'air vital ou des gaz qui circulent dans l'atmosphère, ne peut produire le phénomène de la revivification des métaux, qu'en s'absorbant en partie comme phlogistique concret dans la chaux de ces métaux mêmes, et que c'est en réagissant de ce nouveau centre sur le fluide élastique de l'air vital d'où il est émané, que s'opère la nouvelle fusion.

Le diamant, lorsqu'il est soumis, soit à l'action du feu de cuisine, soit à celle du miroir ardent, fait une exception à la règle générale. Cette matière, au lieu de flamber comme les substances végétales et animales, ne présente dans son incandescence qu'une auréole resplendissante ; et au lieu de se fondre ou de se vitrifier ou de se calciner, elle se dissipe et s'évapore totalement. On voit ici une différence plus marquée que par-tout ailleurs, et qui ne permet pas d'appliquer à ce phénomène les mêmes principes établis pour la combustion des autres substances. Il est évident, au premier coup-d'œil, que c'est par la nature des élémens constitutifs du diamant, que son incandescence ne produit ni décrépitation ni explosion flamboyante ; d'où l'on est autorisé à croire qu'aucun phlogistique ne se dégage de cette matière, et que l'auréole resplendissante ne provient que de la dilatation de ses pores, et par conséquent de la dilatation de la lumière qui s'y reflette et qui l'environne. D'un autre côté, tout prouve que l'homogénéité de ses élémens est indélébile et intacte même dans l'opération, puisqu'il n'y a ni fusion, ni vitrification, et par conséquent nulle afluence de principes inflammables émanés de l'air vital ou des gaz circo-incidens. Il n'y a point non plus d'attraction de la part du diamant échauffé sur l'air environnant, ni d'addition d'air pur absorbé en lui, puisque la calcination n'a pas lieu.

Rien ne peut donner occasion par conséquent à la désunion de ce composé, sinon les vacuoles de ses surfaces et de son intérieur par où la lumière le pénètre. C'est par ce seul moyen sans doute que dans l'opération du feu de cuisine ou du miroir ardent, les parties constituantes du diamant sont forcées d'obéir aux vibrations multipliées du foyer où le fluide élastique de l'air vital agit. Mais dans cette opération le diamant n'éprouve point la dissolution centrale commune aux corps fusibles ou inflammables ; il n'éprouve qu'une vaporisation lente et successive des parties de ses surfaces. Ce qui détermine à croire que ce n'est point en raison d'un phlogistique concret ou intégrant dans le diamant que sa matière s'exhale et se dissipe, mais simplement en raison des vacuoles de ses surfaces, et de la dilatation successive de ces vacuoles les uns après les autres, et de couche, en couche. La conséquence à tirer de ce phénomène est entièrement en faveur du phlogistique intégrant des corps combustibles ; puisque dans ce phénomène, où la matière du diamant est sans phlogistique, il n'y a ni flamme ni fumée, ni décrépitation, ni explosion, ni fusion ; effets qui n'ont lieu que dans les corps où ce principe existe, et qui tracent la véritable ligne de démarcation entre la chaleur qui dilate, et le phlogistique qui sort subitement du corps pour produire la lumière du feu. Si l'air vital, matière de la chaleur, produisoit seul la flamme et l'étincelle, pourquoi n'en produiroit-il pas autour du diamant qu'il échauffe et dilate au plus grand excès ?

Examinons maintenant la cause mécanico-physique de la lumière atmosphérique, celle de la chaleur en général, et celle du feu de cuisine en particulier, et voyons si ces causes bien démontrées s'accordent entre elles et avec les principes qu'on a établis, pour expliquer ces trois phénomènes.

La cause mécanique de notre lumière atmosphérique est la rotation du soleil sur lui-même ; rotation qui met en mouvement l'éther environnant, et qui propage les vibrations de cet éther jusqu'à notre atmosphère et au travers même de cette atmosphère. Les vibrations de cet éther sont tellement réelles et tellement essentielles pour la production de notre lumière atmosphérique, que pendant la nuit, où ces vibrations sont interceptées pour une partie du globe, le phénomène disparoît à nos yeux (1),

---

(1) Que ceux qui admettent le vide absolu dans les espaces interplanétaires, et qui nient l'existence d'une substance éthérée dans ces espaces, répondent à ces objections : *Pourquoi pendant la nuit, le phénomène de la lumière universelle disparoît-il à nos yeux ? Pourquoi, si le vide relatif qui est la cause de l'expansion de notre air atmosphérique autour de la terre étoit absolu, n'au-*

et que nous sommes forcés d'avoir recours à celui du feu ; supplément admirable que la nature nous a préparé et nous prépare sans cesse dans un grand nombre de substances terrestres, et qui semble nous consoler de l'éclat radieux du soleil.

Mais cet éclat que nous ne pouvons nier, n'est pas le produit unique des vibrations de l'éther (comme on l'a déja dit dans cette dissertation); puisque cet éther ne présente dans les espaces interplanétaires qu'une transparence azurée, qu'une diaphanéité universelle, qu'un vide apparent, qu'une illusion de fluide universel. Il faut donc qu'un fluide plus matériel, plus sensible, plus dense, reçoive ces vibrations pour les

---

rions-nous pas la même lumière également par-tout autour de nous, la nuit et le jour ; puisque, dans le cas du vide absolu, la rotation seule de la planète sur elle-même suffiroit à la cause de sa lumière ? Pourquoi la terre tourneroit-elle autour du soleil, puisqu'alors il seroit indifférent à cette planète de rester au même lieu, n'ayant aucun rapport de commotion et de mouvement avec cet astre ? Pourquoi n'est-il pas possible qu'il existe une substance fluide, 49,000,000,000 de fois plus rare et plus subtile que notre air atmosphérique, puisque cet air lui-même, qui est déja 800 fois plus rare que l'eau, existe bien, quoique nous ne le voyons pas ? Pourquoi enfin la rareté de la substance éthérée dans les espaces interplanétaires, ne pourroit-elle pas être relative à l'étendue universelle, comme la rareté de notre air atmosphérique est relative à la hauteur et à l'étendue données de l'athmosphère propre de notre terre ?

modifier, les réfléchir, les transmettre, les propager, les faire scintiller ou éclater à nos yeux;
enfin pour leur donner une véritable nature lumineuse ; et ce fluide est nécessairement notre
air atmosphérique : c'est ce même air qui est
par conséquent la cause physique, la cause
de la nature déterminée de notre lumière du
jour.

Ce n'est donc qu'en arrivant jusqu'à nous,
par le milieu de notre air atmosphérique, que
les vibrations solaires contractent un caractère
véritable de lumière. Mais notre air, en obéis-
sant aux mouvemens de la planète dans l'espace
absolu (mouvemens produits par le phénomène
instantané et continuel de cette lumière) ;
notre air, dis-je, acquiert en outre une mobilité et une fluidité continuelles, qui impriment
à sa masse une force impulsive et expansive,
laquelle étant combinée avec l'élasticité des
vibrations solaires, doit produire encore d'autres
phénomènes, et ces phénomènes sont ceux de
sa dilatation et de sa condensation.

C'est par sa dilatation que les élémens de
cet air accélèrent leurs oscillations ou mouvemens respectifs sur eux-mêmes, pour regagner
en énergie particulière ce qu'ils perdent en expansion générale; d'où résulte le mouvement
intestin des parties de ce fluide ou de ses analogues

dans les corps dilatés, et d'où s'ensuivent la transsudation, la vaporisation (1), et, par le développement le ressort du phlogistique, s'il y en a, la fermentation. C'est par la condensation, que ces élémens ralentissent leurs oscillations, pour perdre en énergie particulière ce qu'ils gagnent en pesanteur et en compression générales ; d'où résultent la concentration des parties de ce fluide ou de ses analogues dans les corps condensés, et d'où s'ensuivent la congélation et, par la dépression des ressorts du phlogistique, s'il y en a, la coagulation.

Les différens degrés de la dilatation et de la condensation de l'air, ainsi que des oscillations de ses élémens, sont donc relatifs, 1°. aux différens dégrès de vitesse et de fréquence dans les vibrations de l'éther appelées *solaires ;* 2°. et simultanément, au mouvement diurne de notre planète sur elle-même, et à sa révolution annuelle et périodique autour du soleil.

____

(1) C'est ici le cas de distinguer la raréfaction progressive de l'air dans les couches plus supérieures de l'atmosphère, de sa dilatation mécanique. La raréfaction de l'air est une dégradation déterminée de sa densité, depuis la surface de la terre jusqu'aux dernières régions de l'atmosphère ; et cette dégradation n'occasionne ni diminution, ni accélération de mouvement dans ses élémens, au lieu que sa dilatation augmente les oscillations de ces mêmes élémens sur eux-mêmes, comme sa condensation les ralentit.

Par

Par ces causes, il est aisé de concevoir dans la massé entière de notre air atmosphérique, et dans chaque portion particulière de cette masse, une intumescence et une détumescence successives et alternatives du jour à la nuit et de la nuit au jour, et en outre de la saison des chaleurs à celle du froid, et de celle du froid au temps des chaleurs; ainsi de suite, en passant par tout les degrès de température dont notre atmosphère est susceptible.

Mais en considérant, d'un côté, que ce mécanisme de dilatation et de condensation n'est propre et particulier qu'à notre air atmosphérique, et non à la substance de l'éther qui ne se dilate et ne se condense point ; et d'un autre côté, que toutes les substances terrestres sont plongées dans cet air, presque toutes pénétrées par lui, nous reconnoîtrons facilement que toutes les dilatations et les intumescences particulières des corps, ainsi que leurs mouvemens intestins et les différens degrés de ces mouvemens, sont dus, par contiguité de matière, aux mouvemens de ce fluide et aux variations de ces mouvemens. Ainsi, lorsqu'un corps quelconque est dilaté, vaporisé, exalté, dissous lentement et par degrés, c'est à la substance de notre air et à ses mouvemens d'expansibilité et de dilatation que le phénomène

E

appartient tout entier ; mais lorsque ce corps se dilate, se vaporise, s'exalte et se décompose subitement et rapidement, c'est bien toujours la même cause mécanique qui agit, la même subtance physique qui opère, mais ce n'est pas absolument la cause mécanique générale, ce n'est pas la substance de l'air toute seule ; c'est une cause mécanique particulière, quoique dérivée de la cause générale ; c'est une seconde substance qui intervient, et qui présente à nos yeux étonnés un phénomène terrible et nouveau.

Ici la nature paroît envelopper le mystère dans une obscurité profonde ; elle semble laisser un intervalle immense entre la cause de la chaleur et celle du feu d'incendie : mais en suivant le fil des principes établis dans cette théorie, nous arriverons aisément au but.

Toutes les causes particulières des phénomènes de la nature, dérivent de la cause générale. L'élasticité de l'air, dérivée de celle de l'éther, et considérée comme cause mécanique intermédiaire, est la cause mécanique particulière du feu d'incendie, comme nous l'avons déja dit. Mais pour déterminer cette élasticité à agir extraordinairement sur un centre particulier d'action, comme dans le foyer de ce feu, il faut nécessairement un motif nouveau et secondaire. Où ce motif peut-il se trouver, sinon dans la nature du phlogistique ou principe inflammable des corps ? C'est donc lui qui, au moment de jouer son rôle, au moment où son ressort est tendu, reçoit et rend une commotion qu'on appelle *électricité ignée* ; c'est par ce phénomène d'électricité, où les vibrations de l'éther agissent comme cause universelle, le plogistique dégagé des corps comme matiere intervenante, et l'air comme cause particulière et matière intermédiaire, que le corps s'enflamme, que le phlogistique repousse l'air, et qu'en brisant l'enveloppe dont il est le noyau, ce phlogistique en laisse achever la dissolution à l'air même. C'est dans ce même phénomène, phénomène composé de trois puissances, phénomène le plus composé de tous (1), que l'air,

-----

(1) On doit remarquer dans cette dissertation, que le phénomène de la lumière atmosphérique est composé de deux substances ou puissances physiques; que celui de la chaleur n'en comporte qu'une seule, qui est l'une des deux premières, et que dans le phénomène du feu de cuisine, le phlogistique intervient comme une troisième puissance, sans laquelle il ne peut y avoir qu'une lumière générale sans chaleur ou avec chaleur; qu'une chaleur générale sans lumière ou avec lumière, et non chaleur particulière avec lumière en même temps, ou lumière particulière avec chaleur. Il faut excepter de ces distinctions la chaleur obscure du sang, fluide dans lequel le phlogistique abonde et où il est en activité réelle, mais où il se trouve enveloppé par des parties aqueuses, et d'où il ne peut avoir au-

multipliant sa force élastique et les oscillations
de ses élémens , par la force élastique et les vibrations multipliées de l'éther et du phlogistique,
produit un jet flamboyant, et entraîne hors du
foyer, l'eau, les vapeurs ; la fumée et le phlogistique lui-même. Ainsi , il est démontré par
les causes autant que par les effets, que le
phlogistique renfermé dans les corps, est non-
seulement l'occasion unique, mais la MATIÈRE
PURE du feu d'incendie, dont l'air est le véhicule et le conducteur ; comme cet air , de son
côté , est l'occasion immédiate et la MATIÈRE
VÉRITABLE de la chaleur.

Pour renforcer les preuves établies en faveur
de cette opinion , déja démontrée sous tant de
rapports , cherchons des distinctions nouvelles ,
et voyons si ces distinctions rentrent toutes également dans les principes et les résultats de cette
théorie. Considérons , par exemple , de quelle

---

eun contact immédiat avec l'air extérieur. Ce phlogistique se
trouve dans le sang des animaux , continuellement au même état
d'effervescence avec chaleur et sans lumière, où l'on le voit accidentellement dans le phénomène des effervescences chimiques ,
et sur-tout dans celle de l'acide vitriolique mêlé à l'eau. La ru-
bescence du sang est un signe de la présence de ce phlogistique
dans les veines et les artères ; et les commotions vitales du
genre nerveux sont un signe de l'impression que fait continuellement ce phlogistique sur toutes les parties solides ou fluides
des corps animés.

manière peut se faire le développement du phlogistique hors d'un corps incendié ; si ce développement diffère de la fluidité de l'air , et en
quoi il diffère de cette fluidité ; pourquoi l'air ,
moins léger que ce phlogistique exalté , s'empare toujours de lui , malgré sa volatilité extrême. Enfin comment la perte de l'air , absorbé
dans le résidu des corps brûlés où dans d'autres
corps , se répare pour l'atmosphère générale.

Le phlogistique concret , considéré comme le
véritable composant des espèces et des genres
dans lesquels il est renfermé , peut se comparer
à la trame d'un tissu quelconque , dont les élémens , soit terrestres , aqueux ou aériens , autres
que lui , sont la chaîne. Sous ce rapport , bien
sensible assurément , c'est lui qui configure ,
qui colore , qui odorifie , qui saporifie chaque
espèce individuelle dans son genre particulier ,
tandis que l'air , par son mouvement d'expansion
dans ces espèces , les porifie , les fait croître et
les entretient dans le système donné , jusqu'à
leur décomposition naturelle ou accidentelle.
Sous ce même rapport , par conséquent , on
peut comparer un corps que le phlogistique
abandonne graduellement ou brusquement , à
un collier de perles dont on coupe le fil qui les
tenoit suspendues l'une à côté de l'autre. Mais
cette comparaison doit s'expliquer ici : le phlo-

E iij

gistique , soit qu'il se développe lentement ,
comme dans les fermentations , ou brusquement
comme dans l'inflammation , ne file point son
évaporation en gaz continu , parce que ses élémens sont toujours enveloppés et disséminés
dans les autres élémens des corps dont il est le
composant d'espèce et la trame du tissu : il y a
d'ailleurs nécessairement dans son dégagement
par simple fermentation , ou dans son échap-
pement igné , autant de solutions de continuité
pour son gaz , qu'il y a de parties hétérogènes
et résistantes dans le corps en décomposition.
L'air seul n'interrompt point sa fluidité de contiguité , ni dans le phénomène des fermentations,
ni dans celui de la flamme , ni dans aucun phénomène naturel , parce que toutes les substances
terrestres sont continuéllement plongées dans
son milieu. Il n'y a que dans le vide artificiel
où ce fluide éprouve solution de continuité ;
d'où résultent d'autres phénomènes qui servent
à expliquer et à démontrer la nécessité de l'air
pour la flamme , pour l'électricité , pour le magnétisme , pour le son , enfin pour la vie des
animaux.

Plus léger et plus subtil que l'air par la nature de ses élémens , le phlogistique évaporé
des corps s'éleveroit bientôt au dessus de la
dernière région de l'atmosphère , s'il n'étoit

enveloppé et saisi dans sa course par l'air même qui le retient dans son milieu, ou qui le dépose et l'emprisonne de nouveau dans des nuages, dans des gaz particuliers, et enfin dans de nouvelles substances solides, telles entre autres que les végétaux et les animaux. Mais, de quelque manière qu'il s'échappe ou qu'il soit contenu ou renfermé, ce phlogistique ne se trouve jamais pur, jamais d'une homogénéité absolue dans aucune masse individuelle. Dans les huiles et les liqueurs les plus spiritueuses, il est toujours combiné avec deux puissans antidotes, analogues l'un à l'autre, l'air pur et l'eau. Dans les essences les plus volatiles, dans les gaz les plus inflammables, quoique très-abondant, il est toujours contenu par l'air pur et combiné avec lui, en quelque petite quantité que ce soit. Il n'a aucune part à la composition de l'eau pure et sans goût. Les élémens de l'eau, ainsi que ceux de l'air pur, sont d'une nature absolument différente de la sienne. C'est par cette différence totale, et cette nature opposée d'élémens, que s'opère le phénomène des effervescences chimiques ; phénomène qui a lieu avec chaleur, parce que la matière de l'eau, analogue à celle de l'air pur, devient matière de la chaleur au moment où sa vaporisation la mêle au principe inflammable de l'air vital ; et sans lumière, parce que le phlogistique alors se trouve trop enveloppé de parties aqueuses dans le foyer de son effervescence et dans sa colonne d'évaporation, pour occasiouner des vibrations lucéfiques dans l'air environnant. C'est par la nature de l'air pur, analogue à celle de l'eau, que l'on trouve dans la chaleur vaporifique de l'eau la matière d'un air pur qui se dégage, non comme fluide distinct et particulier, mais comme partie intégrante et constituante absolue. On peut reconnoître par conséquent dans le phénomène de la vaporisation de l'eau, la cause prochaine d'une nouvelle production d'air pur ou corrompu, suivant le milieu où ce nouvel air passe, ou d'une nouvelle reproduction d'eau, selon que ces vapeurs ont été plus ou moins nécessaires dans le milieu qui les a reçu (1).

_____

(1) La partie d'air pur qui entre dans le composé de l'air vital, et qui est susceptible de s'absorber dans certaines substances, est suppléée par les émanations et vaporisations aqueuses, comme la partie du principe inflammable de ce même air, qui est également susceptible d'absorbtion, est suppléée par les émanations journalières du phlogistique des corps. C'est cette partie de principe inflammable qui donne à l'air que nous respirons un caractère de vitalisation; c'est elle qui, dans les expériences sur la décomposition de l'eau, se réunit à la vapeur aqueuse pour donner à cette vapeur le caractère et l'élasticité d'un air ou gaz factice; c'est elle qui, dans la recomposition de l'eau, abandonne les élémens de cette eau pour leur laisser reprendre leur premier caractère de fluide aqueux. C'est donc en distin-

Mais si nous voulons porter nos recherches plus loin, et que nous admettions (comme il y a de fortes raisons pour le croire, et comme on l'a démontré dans cette théorie), que l'éther universel soit une substance, nous admettrons nécessairement aussi que cette substance a une qualité chimique dans la nature ; qualité qu'il est bien difficile sans doute de saisir dans nos laboratoires, et même par la pensée, et que *Bergmann*, cependant, paroît avoir découverte et démontrée dans son acide aérien, qui est le principe inflammable de l'air vital. Cet acide retrouvé, par analogie, dans l'*acidum* de *Meyer*, dans l'acide phosphorique de M. Sage, et dans l'acide vitriolique, regardé autrefois par les chimistes comme universellement répandu dans l'air ; cet acide, dis-je, très-certainement analogue au phlogistique des substances terrestres, ne peut être dans sa nature composante la même chose que l'air de l'atmosphère. Si cela étoit, la lumière atmosphérique ne se trouveroit plus être une modification contractée entre deux substances différentes , mais une seule substance, pure, simple et homogène ; ce qui se-

---

guant ces deux portions de matière différente, combinées dans l'air vital, que nous parviendrons à faire l'analyse des expériences sur l'air, et à en tirer des conséquences justes et précises.

roit absolument contradictoire aux vrais principes de la scintillation des corps célestes, à
ceux de l'existence d'un air expansible et con-
densible en tout sens, et à la différence démontrée par l'observation et les expériences entre
la transparence pure de l'éther dans les plaines
azurées, et la densité infiniment plus considérable de l'air de notre atmosphère. Cet acide
est certainement insaisissable par lui-même dans
son état de substance éthérée ; mais dans ses
contractions et ses inflexions au travers de l'air,
pour la production de la lumière atmosphérique, il peut s'offrir à la sagacité des chimistes
et des physiciens, par abstraction de cet air et
de toute autre sorte d'air; comme le phlogistique des substances solides ou le principe inflammable de l'air vital, son analogue, se dé-
voile et se saisit dans les effervescences avec
chaleur et dans les extraits du soufre. Cet acide,
qu'il faut apeler *éthéré*, se présente donc, non
pas à l'imagination, mais à l'expérience, à
l'observation, à la raison, et aux bonnes théories
chimiques, sous deux points de vue analogues
entre eux par la nature des objets, quoique différens par leur position. Le premier point de vue
présente et démontre cet acide dans les espaces
interplanétaires, comme disséminé et raréfié à
l'extrême, et comme point de contact pour

les mouvemens respectifs des corps célestes ; d'où résultent ses vibrations instantanées, cause mécanique immédiate de l'impulsion de ces corps et de leur lumière atmosphérique. Le second point de vue fait reconnoître ce même acide dans la plupart des substances terrestres, mais comme mêlé à l'air que nous respirons, ou comme incarcéré, enveloppé, concentré, fixé plus ou moins dans les substances terrestres, et en outre comme point de contact pour les commotions électriques simples où électrico-ignées, et pour les effervescences avec chaleur. De même que les vibrations de la substance éthérée réfléchie par la rotation du soleil, sont infléchies, multipliées et contractées en électricité lumineuse et impulsive, dans le milieu de notre air atmosphérique ; de même celles du principe inflammable de l'air ou du *phlogistique* des corps, réfléchies par le foyer d'incandescence ou centre d'action ignée, d'où ses élémens se dégagent, sont infléchies, multipliées, et contractées en jets de feu brûlant et lumineux, autrement en électricité ignée et lumineuse, dans le milieu de ce même air. Et de même que les vibrations solaires sont interceptées et ralenties par les nuages et les vapeurs humides et grossières, de même les vibrations ignées sont interceptées et ralenties par

la fumée et les vapeurs aqueuses contenues dans
les substances combustibles; d'où résultent les
solutions de continuité et d'accélération dans
les embrasemens. Et de même que le mouvement de gravitation des corps célestes sur leur
centre, occasionne des inégalités dans le jet de
leur scintillation, de même la gravitation des
parties les plus grossières et les plus pesantes
d'un corps incendié, produit les tremblotemens
de la flamme

Le rapport et l'analogie établis ici entre la
substance de l'éther ou acide éthéré, et le principe inflammable répandu et concentré dans les
mixtes, solides, liquides ou aériformes, sem-
bleroient devoir annoncer des effervescences
continuelles par-tout, une inflammation générale dans tous les corps, si on ne considéroit
pas que la portion d'air pur de l'atmosphère,
en sa qualité de substance humide, intermédiaire entre ces deux autres substances analogues
et sèches, et en sa qualité de cause mécanique également intermédiaire de leurs causes
et de leurs effets, se trouve dans les phénomènes donnés, non seulement comme principe nécessaire à la production des effets, mais
comme principe modificateur de ces effets
mêmes. La substance de l'air pur, qui paroît
être un dérivé de la substance de l'eau, doit

remonter dans son origine à une matière analogue plus éloignée encore, et qu'on pourroit peut-être reconnoître, sans illusion, dans les terres mercurielles de Becker. Ces terres, qui sont la base de toutes les terres absorbantes, sont de même la base de l'eau avec qui elles ont une affinité particulière et très-décidée. Elles sont de même, par une suite de rapports démontrés dans les expériences sur les chaux métalliques, la base de l'air pur qui en sort et s'y absorbe si facilement : ces terres et leurs analogues, annoncent donc une nature d'élémens particulière et très-distincte de celle qui constitue l'essence des acides. Celle-ci (la nature de l'acide éthéré sur-tout) doit dériver par conséquent d'une espèce de substance, autre que celle de l'eau, de l'air pur et des terres mercurielles ; et cette espèce se retrouve, en remontant à une origine plus matérielle, dans le phlogistique ou principe inflammable des substances mixtes, avec lequel elle a une analogie très-distincte et très-sensible. Mais cette analogie ne peut jamais produire aucune affinité réelle, aucune consistance d'union corporelle entre les deux substances données ; 1°. parce que le principe éthéré, disséminé et raréfié à satiété dans l'espace universel, n'est nullement susceptible de se raréfier ou de se condenser davantage ; ce que l'on concevra aisément, en considérant d'abord, que l'espace absolu étant uniforme dans son vide apparent, la substance contenue dans cet espace doit être également et constamment uniforme dans sa rareté et sa modification données ; et en second lieu, que le mouvement continuel de la terre, dans l'espace absolu, empêche que cet éther, dont elle parcourt une portion circulaire en se déplaçant perpétuellement par sa révolution autour du soleil, ne puisse ni se fixer sur les corps terrestres, ni se déplacer d'un espace à un autre espace.

2°. Parce que cet éther a lui-même un mouvement donné de vibrations directes, et une subtilité perpétuelle, insaisissable et infixable.

3°. Parce que son analogue (le phlogistique ou principe inflammable terrestre), susceptible de se concentrer et de se fixer dans les corps, dont il devient le composant d'espèce, n'a qu'une fluidité et une subtilité passagères et isolées, au moment de sa volatilisation, tandis qu'il a une pesanteur décidée, subordonnée à la gravitation de la terre, au moment de ses nouvelles aggrégations.

4°. Et enfin, parce que l'air général de l'atmosphère, intermédiaire perpétuel entre ces deux substances analogues, ne leur permet en aucune manière de s'unir corporellement ; ce qui est bien démontré, sans doute, dans le phénomène du feu d'incendie, où cet air s'empare du foyer incandescent et flamboyant, pour opérer non - seulement la désunion des parties du corps qui se décompose, mais l'écartement des deux substances analogues, tendantes à une affinité réciproque (1).

Le développement de ces principes va nous donner ici, et toujours par conformité de rapports et de preuves, l'explication précise de la cause mécanico - physique du phénomène du feu, liée à celle de l'électricité universelle des corps célestes et à celle de l'électricité artifi-

---

(1) On pourroit conclure du même principe, *vice versâ*, que jamais les corps célestes ne peuvent s'aborder et s'unir, parce que l'éther est pour eux l'intermédiaire qui empêche ce contact, comme l'air des atmosphères empêche les élémens de cet éther de consommer leur affinité avec ceux des substances inflammables. Cette idée nous mène naturellement à réduire l'attraction newtoniene à la simple compressibilité de l'éther, comme elle nous conduit à reconnoître dans l'élasticité de ce même éther la force d'impulsion qui fait mouvoir les corps célestes autour de leur centre dominateur, et qui les écarte pour jamais d'une attraction consommée. Cette attraction ne pouvant donc s'effectuer par rapport à l'élasticité de l'éther et sans le contact d'un air atmosphérique intermédiaire, comme l'expérience du vide le prouve dans les phénomènes de l'aimant, il est démontré à notre foible intelligence, malgré les calculs redoutables et présomptueux de certains petits astronomes, que jamais notre planète n'ira échouer sur les bords d'aucun autre corps céleste.

cielle. L'expérience nous apprend que l'électricité n'a point lieu dans le vide. On peut
conclure sans doute et avec raison de cette expérience, qu'il n'y aucune électricité dans les
espaces interplanétaires, jusqu'au moment où
les vibrations de l'éther, parties d'un centre de
mouvement, touchent la surface de l'atmosphère
d'un autre centre de mouvement. Les vibrations
solaires ont touché la surface de notre atmosphère, et dès ce moment la terre a tourné sur
elle-même et autour du soleil; dès ce moment
la lumière atmosphérique s'est faite; dès ce moment l'atmosphère a contracté une vertu électrique continuelle et générale; dès ce moment
son fluide a été élastique, et a communiqué,
sous différens rapports, son élasticité à d'autres
substances. Dès le moment par conséquent où
l'air pur de l'atmosphère a éprouvé le contact
de l'acide éthéré en mouvement sur les lignes
de sa vibration, cet air est devenu air vital,
air intermédiaire entre l'acide éthéré et les
substances mixtes, soit solides, liquides ou aériformes : dès ce moment toute affinité prochaine
entre l'*acide éthéré* et son analogue le principe inflammable de l'air vital ou le phlogistique
concentré dans les corps, n'a pu tendre à se
consommer, sans occasionner à l'instant, par la
résistance de l'air intermédiaire, le phénomène

de

de l'ignition, cause immédiate de l'explosion, de la combustion, de l'inflammation et de la décomposition rapide des corps; d'où il résulte que l'affinité réelle des deux analogues ne s'effectue jamais. Dès ce moment enfin, ce même éther n'a jamais tendu à attirer ou à explorer son analogue, volatilisé abondamment dans l'atmosphère, ou disséminé dans les substances terrestres, sans occasionner des commotions dans l'air, et quelquefois, par contre-coup, dans les entrailles du globe ; d'où résultent l'explosion des volcans et les tremblemens de terre. Tous ces effets se trouvant donc déduits naturellement du premier contact de l'acide éthéré, en vibration sur lui-même, avec l'air atmosphérique, et de la continuation instantanée de ce contact, il s'ensuit que c'est de l'explication donnée de la première cause, de la cause générale, que dérive l'explication de toutes les causes subséquentes, de toutes les causes particulières.

Ainsi le fluide de l'air, intermède absolu de la substance de l'éther et de l'analogue de cet éther (*le principe inflammab'e*), doit être considéré sous tous les rapports chimiques, physiques et mécaniques, comme la base première, la base essentielle de toute espèce de température dans l'atmosphère, soit par ses différens degrés de dilatation ou de condensation, soit

F

par l'oscillation accélérée ou ralentie de ses élémens constitutifs, soit enfin par l'élasticité de
sa masse contiguë ; et sous tous ces rapports,
cet air est donc la cause immédiate et la *matière propre et unique de la chaleur*. De même
le principe inflammable concentré dans les corps,
soit qu'il tienne par analogie à la nature de la
substance éthérée, ou à celle d'une autre substance, doit toujours être regardé comme la PURE
MATIÈRE DU FEU. Disséminé dans l'air vital, ce
principe devient la véritable matière contrac-
tive de l'électricité. On peut ajouter que c'est
l'analogie de ce principe inflammable avec la
substance de l'éther (analogie fortement soup-
çonnée par plusieurs chimistes et par un grand
nombre de physiciens), qui a fait regarder la
lumière comme le *feu élémentaire universel*
(le feu libre de l'espace absolu) et l'analogue
de cette substance concentrée dans les mixtes
comme le *feu fixe* (ce feu solide démontré
par Black dans les métaux) (1). Il n'étoit ques-

---

(1) L'analogie de ces deux principes est plus frappante encore,
si l'on considère que la lumière du feu de cuisine est autant le
produit particulier du contact vibratoire du phlogistique des
corps avec l'air atmosphérique, que la lumière du jour est le
produit général du contact du fluide céleste ou substance éthérée avec ce même air. Le feu qui nous éclaire pendant la
nuit, ne pouvant prendre immédiatement son caractère lumi-

tion, pour expliquer et autoriser cette analogie
et en approfondir les principes, que d'établir
des distinctions claires et précises ; et ces distinctions étant déduites de la différence démontrée entre le phlogistique fixe des corps, et la
matière libre de la chaleur, l'auteur a cru
que sa dissertation pouvoit mériter quelque attention de la part des savans en général, et sur-
tout de la part de l'académie en particulier.
Mais donnons un résumé des opinions princi-
pales contenues dans cette théorie.

R É S U M É.

L'air vital est composé de deux matières
différentes : 1°. d'un air pur, dont les élémens
sont analogues à ceux de l'eau et des terres
mercurielles, et comportent en eux-mêmes le
principe humide ; et 2°. d'un principe inflammable, dont les élémens sont analogues au

---

neux de la lumière du jour qui a disparu, il est évident alors
que ce caractère lumineux provient, non-seulement par analogie
avec la substance éthérée, mais par propriété spécifique, de
la nature du phlogistique des corps inflagrés, et de son contact
avec notre air atmosphérique. Ainsi lorsque M. Macquer a
substitué la lumière générale au phlogistique particulier des
corps, pour expliquer les phénomènes de la chimie, il a con-
fondu les deux principes analogues, et a rejeté précisément
celui qui devoit être admis, et dont l'existence est le plus rigoureusement démontrée.

phlogiston engagé dans les corps combustibles et à l'acide éthéré répandu dans l'espace universel , et comportent en eux - mêmes le principe sec. Cet air, ainsi composé, est la véritable matière de la chaleur, mais cette matière ne peut produire par elle seule le feu de cuisine ; il faut pour ce phénomène particulier le concours et le contact d'un principe inflammable réduit et engagé expressément dans les corps comme partie constituante de ces corps mêmes, et comme ressort comprimé, toujours prêt à se développer et à partir.

La substance de l'éther est l'analogue du principe inflammable contenu dans les corps combustibles, et de celui qui est disséminé dans l'air vital ; mais cet analogue, répandu dans l'espace absolu comme fluide universel, est 49,000,000,000 de fois plus rare et plus élastique que notre air vital ; il est par conséquent impossible de lui supposer aucune tendance effective d'affinité avec cet air. La substance éthérée n'agit que comme puissance loco-motive, et pour établir les correspondances de mouvement entre les corps célestes respectivement des uns aux autres ; elle ne peut point entrer par conséquent dans les compositions des corps, ni dans les airs factices , ni dans l'air vital, comme principe fixe et constituant. C'est par le contact de cette même

substance , devenue puissance physico - mécanique dans le systême universel des corps célestes et dans l'espace absolu , que notre air atmosphérique contracte une modification appelée
LUMIÈRE DU JOUR.

Le principe inflammable se trouve dans la
nature sous deux états différens : 1°. comme
principe fixe composant la trame des corps,
dont les élémens d'une autre espèce sont la
chaîne ; et 2°. comme partie constituante et
nécessaire de l'air vital. Dans le premier état,
son ressort est comprimé , et c'est par le développement subit de ce ressort que le premier
effet de l'ignition ou l'explosion ignée lui appartient, et que sous ce rapport il est la véritable matière du feu de cuisine. Dans le second état, son ressort est tout développé ; il
n'a par conséquent, pour coopérer au phénomène, que la réaction de son élasticité contre
l'air pur d'une part, et contre le phlogistique
qui se développe du corps incendié, de l'autre :
c'est sous ce rapport qu'il devient partie constitutive de la flamme et de l'étincelle. Ainsi
la différence essentielle , en dernière analyse,
entre la matière de la chaleur et celle du feu
de cuisine , est que la première se trouve absolument dans la nature de l'air vital , indépendamment de la seconde ; mais que sans

la seconde, la première ne peut produire le phénomène particulier du feu de cuisine. Une autre différence, c'est que le principe inflammable doit être absolument engagé, réduit et comprimé dans les corps pour en devenir le phlogistique, c'est-à-dire, le motif de l'explosion ignée, et qu'au contraire il n'a besoin que de sa liberté et de son développement dans l'air général, pour produire la chaleur simple, la chaleur obscure.

La cause de la chaleur simple se trouve dans la dilatation de l'air vital et dans l'accélération de mouvement, donnée aux élémens combinés de cet air ; comme la sensation donnée de cette chaleur se trouve dans le frottement des élémens de l'air vital contre les corps susceptibles d'en recevoir l'impression ou la sensation. La cause du feu de cuisine se trouve, non dans la simple dilatation des corps combustibles, occasionnée par la matière de la chaleur, mais encore dans le développement subit et l'éruption brusque du principe inflammable concentré dans les corps; d'où résultent le choc et le frottement excessivement rapides des élémens de ce principe, contre ceux qui sont déja en liberté dans la portion d'air vital soumise à l'incidence du mouvement igné.

F I N.

www.ingramcontent.com/pod-product-compliance
Lightning Source LLC
LaVergne TN
LVHW050635060726
842527LV00004B/1315